地震响应并行计算理论与实例

金先龙　楼云锋　著

科学出版社

北京

内 容 简 介

本书针对结构抗震问题，系统介绍了地震响应并行计算的理论方法、数值建模方法、介质参数等效方法和应用实例。主要内容包括：地震响应研究发展现状，结构动力学并行计算的基本理论，复杂结构数值建模方法，非线性介质参数等效方法，以及高性能超级计算机平台和高性能并行计算技术在工程场地、海岸工程、隧道工程、核电工程、桥梁工程和建筑工程中的典型应用实例。

本书结构体系完整、研究内容丰富。可供从事计算数学、计算力学、并行计算、高性能计算、计算机仿真、计算机辅助工程、防浪堤抗震设计、隧道抗震设计、核电站抗震设计、桥梁抗震设计、建筑结构抗震设计等领域研究与应用的技术人员参考。

图书在版编目(CIP)数据

地震响应并行计算理论与实例 / 金先龙，楼云锋 著 . —北京：科学出版社，2016

ISBN 978-7-03-049510-5

Ⅰ. ①地⋯　Ⅱ. ①金⋯②楼⋯　Ⅲ. ①地震反应分析－并行算法　Ⅳ. ①P315.61

中国版本图书馆 CIP 数据核字（2016）第 179336 号

责任编辑：杨向萍　张晓娟 / 责任校对：郭瑞芝
责任印制：张　倩 / 封面设计：左　讯

科学出版社 出版

北京东黄城根北街 16 号
邮政编码：100717
http://www.sciencep.com

中国科学院印刷厂 印刷

科学出版社发行　各地新华书店经销

*

2016 年 8 月第 一 版　开本：787×1092　1/16
2016 年 8 月第一次印刷　印张：13　1/2
字数：321 000

定价：98.00 元
（如有印装质量问题，我社负责调换）

作 者 介 绍

金先龙　男，博士，1961 年 8 月出生。现任上海交通大学机械与动力工程学院二级教授和博士生导师。

金先龙教授长期致力于应用计算数学、计算力学的最新理论及计算机科学与工程的最新技术解决工程实际问题。在理论上，主要研究非线性结构动力学、流固耦合动力学的拟实建模理论和并行数值计算方法；在技术上，主要研究并行计算、网络计算、云计算和分布计算等先进计算技术；在应用上，主要集中在解决交通运输、现代工业、重大工程、国防装备等领域的复杂系统动力学问题。

金先龙教授以第一作者、第二作者或通信作者（第一作者是其指导的研究生）共发表学术论文 250 余篇，其中，被 SCI 收录 50 余篇，被 EI 收录 200 余篇。以第一作者出版了《交通事故数字化重构理论与实践》和《结构动力学并行计算方法及应用》两部学术专著。

2000 年至今，金先龙教授作为项目负责人和主要贡献者先后承担了 30 余项国家和上海市的科研项目。其中包括：国家自然科学基金重点项目 1 项、国家自然科学基金面上项目 5 项、国家高技术研究发展计划（863 计划）课题 6 项、上海市科学技术委员会攻关项目 5 项、上海市信息化委员会专项 6 项等，有 13 项成果通过了上海市科学技术委员会组织的鉴定，达到了国际先进水平，并获得国家发明专利授权 28 项。

2005 年，金先龙教授作为第一完成人的科研成果"基于超级计算机的结构动力学并行算法设计、软件开发与工程应用"获得了上海市科学技术进步奖一等奖。2008 年和 2014 年，作为主要贡献者，分别获得上海市科学技术进步奖一等奖和二等奖。

楼云锋　男，博士，1987 年 1 月出生。现于上海交通大学机械与动力工程学院任专职科研博士后，研究方向为并行计算、结构动力分析和流固耦合分析。

近年来，在国内外 SCI/EI 源期刊以第一作者发表论文 7 篇，其中，被 SCI 收录 2 篇，被 EI 收录 5 篇。参与完成国家自然基金项目 1 项，上海市科学技术委员会攻关项目 1 项，企业委托项目 3 项。参与申请发明专利 3 项，软件著作权 1 项。

前　　言

当今中国，各类重大工程不断刷新世界纪录。例如，我国高速铁路运营和在建里程、城市轨道交通运营和在建里程等均居世界第一，并且世界上直径最大的隧道、跨度最长的桥梁也已经或即将诞生在我国。同时，我国地域辽阔，地质结构复杂，地震灾害时有发生，导致重大人员伤亡和财产损失。因此，抗震性能是重大工程设计中必须考虑的主要因素，而地震响应计算是重大工程抗震设计的重要环节。受限于计算机的运算速度，传统地震响应计算不得不忽略实际工程结构中一些复杂因素和详细结构，采用比较简单的动力学有限元模型和材料模型。

近十多年来，高性能计算机发展迅速，其计算能力已经成为一个国家综合国力的一种标志。随着多个系列的国产高性能计算机的相继投入使用，我国在高性能计算机硬件技术方面已经取得了重要进展。但与国际先进水平相比，我国在高性能计算机的工程应用方面还存在较大差距。

近十多年来，上海交通大学金先龙教授及其研究团队采用高性能计算机这个先进工具，开展了重大工程地震响应的拟实建模理论和并行计算方法研究，并广泛应用于工程场地、海岸工程、隧道工程、核电工程、桥梁工程、建筑工程等重大工程领域的地震响应计算。这不仅有利于提高重大工程地震响应计算的可靠程度，更加全面地评价重大工程结构的抗震性能，而且对于推广普及高性能计算机的工程应用，都具有重大的理论研究意义和工程应用示范价值。

本书是对这些研究成果的系统总结。全书共 10 章，第 1 章是绪论，对地震响应并行计算的相关国内外研究现状进行了总结和分析；第 2～4 章研究了地震响应并行计算的基本理论、拟实建模方法和介质参数等效方法；第 5～10 章则介绍了作者在工程场地、海岸工程、隧道工程、核电工程、桥梁工程、建筑工程等六大工程领域中开展地震响应并行计算应用实例研究的经验。

本书的出版获得了国家高技术研究发展计划（863 计划）课题"大型工程设备结构力学并行计算软件及应用（2012AA01A307）"的资助。作者要特别感谢上海超级计算中心在研究并行计算方法中的密切合作，以及在提供高性能计算资源方面的长期支持。还要感谢上海市地震工程研究所、上海核工程研究设计院、上海市隧道工程轨道交通设计研究院、上海城建集团公司、上海市城市建设设计研究院、华东建筑设计研究总院等在地震响应并行计算应用实例研究中的全力支持和密切合作。

本书研究成果还包含了金先龙教授所指导的研究生学位论文的部分研究内容。其中，海岸工程相关论文包括：王欢欢博士论文（2016 年）、杨勋博士论文（2016 年）、楼云锋博士论文（2015 年）；隧道工程相关论文包括：胡豹硕士论文（2015 年）、王建炜博士论文（2012 年）、郭毅之博士论文（2006 年）；核电工程相关论文包括：占昌宝硕士论文（2016 年）；桥梁工程相关论文包括：陈向东博士论文（2009 年）；建筑工程相关论文包

括：杨颜志博士论文（2012 年）；介质参数等效方法相关论文包括：张伟伟博士论文
（2014 年）；并行计算方法相关论文包括：苗新强博士论文（2015 年）；拟实建模方法在上
述论文中均有涉及，另外与之相关论文还包括：邓容兵博士论文（2010 年）、杜新光博士
论文（2010 年）等。读者如有需要，可查阅以上研究生学位论文。

　　重大工程领域众多，地震响应计算理论和并行计算方法还处在逐步发展和逐渐完善
中，加之作者水平有限，书中难免存在不足之处，敬请读者批评指正。

作　者

2016 年 6 月

目　　录

第1章 绪 论

1.1 研究背景和意义

1.1.1 研究背景

地震灾害是人类长期面临的严重自然灾害之一,给人类社会带来了巨大的生命和财产损失。地震灾害的显著特点是造成的人员伤亡和经济损失几乎都与工程结构的破坏程度密切相关,为避免和减少地震灾害造成的损失,对工程结构进行抗震分析和设计非常必要。图 1.1 为强烈地震中建筑结构破坏情况。

图 1.1 强烈地震中建筑结构破坏情况

21 世纪以来,地震灾害频发,造成了数以千计的人员伤亡和数以十亿计的财产损失,同时也造成了大量建筑结构和地下结构的损毁。表 1.1 列出了近年几次强烈地震所造成的人员伤亡和财产损失情况汇总。我国是一个地震多发国家,地震区域广阔而分散、频繁而强烈。我国有近一半的大、中城市位于地震基本烈度为 7 度或 7 度以上的地震区,北京、天津、西安等大城市更是位于地震基本烈度为 8 度的高烈度地震区。

表 1.1　近年地震灾害造成的人员和财产损失情况

地震发生地点	发生时间/(年-月-日)	地震强度/级	死亡人数/人	财产损失/亿美元
日本东海岸	2011-03-11	9.0	>1.5 万	2000
智利	2010-02-27	8.8	>800	300
青海玉树	2010-04-14	7.1	2698	>100
海地	2010-01-13	7.3	22.25 万	77.5
四川汶川	2008-05-12	8.0	6.92 万	1300

　　另外,随着我国经济社会的不断发展,使得城市人口的急剧增加,随之带来的是拥挤的建筑空间、交通空间等诸多的城市问题。尤其是进入 21 世纪以来,我国城市化建设进入高速发展期,各类建筑结构的设计、计算和施工发展迅速。以高层建筑为例,各大、中城市的高层办公楼、宾馆和住宅如雨后春笋般拔地而起。高层建筑一方面追求极限的高度,如在建的上海中心大厦设计总高度达到 632m[1,2];另一方面,高层建筑也更趋向于多功能、多类型、独特性,追求复杂的内部结构和独特的外部造型,从而在保证其功能多样化的同时满足建筑的审美要求,这在一定程度促进了建筑幕墙结构的广泛应用[3,4]。此外,以桥梁和隧道为代表的交通设施也进入了高速发展期。截至 2009 年年底,我国已建成公路隧道 6139 座,总里程394.20 万 m,其中特长隧道 190 座、82.11 万 m,长隧道 905 座、150.07 万 m[5]。据国家有关部门预测,截至 2020 年,国内将完成 6000km 的各类地下隧道建设。桥梁方面,我国已建成主跨超过 400m 的斜拉桥 12 座,主跨超过 450m 的悬索桥 13 座[6]。大量长大隧道和大跨距桥梁的建设,给抗震设计带来了极大的挑战。

　　目前应用较多的抗震设计分析方法有:底部剪力法、反应谱法和动力时程法[7,8]。无论是高层建筑、桥梁之类的地上结构,还是隧道之类的地下结构,抗震设计均存在土体与结构的动力耦合作用问题。土体-结构动力耦合作用[9](soil-structure dynamic interaction,SS-DI)就是把土体和结构看成一个彼此协调工作的整体,在接触位置满足变形协调条件下求解整个系统的变形和内力。该问题是一个多学科的交叉性研究课题,涉及土动力学、结构动力学、非线性振动理论以及地震工程学等众多领域,也是一个涉及大变形、接触面、局部不连续等众多理论研究前沿课题,同时又是一个与交通、市政、水利和建筑等众多国民经济领域安全性密切相关的研究课题。因此,几十年来引起了广泛关注,姜忻良等[10]、Carbonari 等[11]、Ulker-Kaustell 等[12]、Asgarian 等[13]、Shamsabadi 等[14] 和 Kocak 等[15]均进行过相关研究。大量研究表明,土体-结构耦合作用对结构的反应主要有两个方面的影响:一是地基基础对上部结构体系振动特性(包括自振周期、阻尼和振动模态等)的影响;二是上部结构对底部输入地震波的反馈作用。为了能反映结构在地震作用下真实的响应情况,出现了考虑土体-结构动力耦合作用的抗震设计方法,即土体-结构动力耦合作用分析方法。

　　计算技术的发展和数值算法、理论的成熟,进一步扩大了数值模拟技术在科学研究、工程决策等领域的应用。并行计算技术的发展,超级计算机在科学计算中的应用,更推动了数值计算在大规模、复杂系统计算领域的广泛应用。相对于传统的试验方法,数值模拟具有成本低、研究周期短、可重复操作性强等优点。

1.1.2　研　究　意　义

综上所述,频繁的地震灾害和潜在的地震威胁时刻警示我们,加强复杂结构的抗震设计,提高其抗震能力,减轻灾害损失具有重要的意义。数值模拟已经成为工程结构抗震设计中一个必不可少的环节,将数值分析应用到工程设计领域对提高结构抗震性能具有重要意义。地震响应问题仿真过程中往往计算量巨大,同时为保证仿真过程中结构局部的仿真精度,又必须对实际工程结构进行精细建模,节点与单元数目巨大,需要占用大量内存、硬盘资源和快速求解能力。基于超级计算机平台的高性能并行计算技术很好地解决了计算精度和计算效率问题,使得数值模拟技术在大规模工程问题中得以应用,具有广泛的实践意义。本书针对地震响应问题,结合显式计算方法和高性能的并行计算技术,同时以上海某液化天然气工程接受码头场地、浙江沿海某核电站防浪堤、上海某长江双线隧道、国内某核电站核岛结构、上海某桥梁结构、上海某大厦结构为背景,研究了地震响应数值模拟方法和并行计算方法在以上工程中的应用,对结构抗震设计具有十分重要的理论意义和工程价值。

1.2　国内外研究现状

1.2.1　地震动力作用研究现状

地震动力作用从 20 世纪 50 年代逐步开始研究,经历了大致以下几个研究阶段[16~18]。20 世纪 50~60 年代,是基本理论准备阶段。这一时期的主要工作是求解无限土体上刚性基础的动力阻抗,并且建立刚性基础振动力与位移之间的解析关系。这一时期比较典型的研究成果包括:1956 年,Bycroft 推导出弹性半无限空间圆形刚性基础板平动、转动状况下的瞬态解和稳定解;1962 年和 1963 年,Kobori 和 Thomson 分别求解出弹性半无限空间矩形基础板的解析解;1967 年,Parmelee 在已有研究基础上建立了土体-结构动力耦合作用方程,初步揭示了土体-结构惯性动力耦合作用的基本规律。这一时期的研究工作为进一步土体-结构动力耦合作用研究奠定了理论基础。20 世纪 70~80 年代,土体-结构耦合作用的计算方法成为研究重点。这一时期多种计算方法开始应用到该领域,包括有限元法、边界元法和有限差分法等。由于计算方法的进步,大大扩展了土体-结构耦合作用的研究范围,具体应用对象扩展到地下结构、高层建筑结构、桥梁结构、水坝和海洋结构等。20 世纪 80 年代中期以后,得益于技术的进步,土体-结构耦合作用研究进一步深化,且主要朝两个方向发展。一方面开始进行大规模模型试验和现场振动试验,研究各种影响因素和作用效果;另一方面将时域分析方法应用于土体-结构耦合作用,从而使该问题从线性研究阶段进入到非线性研究阶段。

林皋[19]、窦立军等[20]、梁青槐[21]和熊建国[22,23]等对土体-结构耦合作用问题进行过系统的总结。目前土体-结构动力耦合作用研究方法可分为两种:理论研究方法和试验研究方法。试验研究方法可以获得最直接的研究数据,但由于受到各方面条件的限制,其获得的数据是非常有限和片面的。理论分析方法则可对土体-结构耦合作用的规律和形态进行分析总结,并且可以获得大量试验方法无法获取的数据,是试验研究方法的有效补充。

1. 地震动力作用理论研究方法

地震动力作用理论研究方法在土体-结构耦合作用研究中得到了最广泛的应用,是土体-结构耦合作用研究的基础。理论研究方法一般可分为三种:集中参数法、子结构法和整体分析法[24,25]。

1)集中参数法

集中参数法又称为多质点系模型法,将半无限地基简化为弹簧-阻尼-质量体系,这种方法概念明确,简单方便,在工程应用中具有广泛的应用前景。该方法常采用的计算模型有SR(sway-rocking)模型和并列质点系模型等。

SR模型[26,27](图1.2)是将结构基础周围的地基土等效为与水平位移和转动有关的水平弹簧和转动弹簧,模拟结构基础和地基土之间的耦合关系。该模型将上部结构体系简化为可考虑弯剪效应的多质点系,模型基础处的输入地震动即为自由场地表面的加速度反应。该模型主要用于了解土体-结构动力耦合作用对上部结构地震反应的影响,为提高模型高振型的分析精度,可将水平、转动弹簧刚度作为频率的函数,将部分地基土作为参振质量加到基础上予以考虑。该模型虽然应用了叠加原理,但场地土只能在线性范围内考虑。

图1.3为并列质点系模型。并列质点系模型[28,29]是在SR模型的基础上进一步发展起来的,它将土体-结构体系看成是由上部结构、结构基础、桩和附加地基土构成的结构体系和不受结构影响的多质点自由场地土体系两个子体系组成。这时把自由场地土体系简化为单位面积的土柱,并且考虑了不同土层的实际分层情况,各土层质量集中于土层的界面。上部结构简化为可考虑弯剪效应的多质点系,桩的质量集中于地基土的各水平土层界面上,并作为弯剪型质点系处理。两个子体系之间通过水平弹簧和阻尼连接。并列质点系模型考虑了场地土的土层特性和边界效应,较SR模型更为精确,同时又比其他数值方法简单得多,因此得到较为广泛的应用。

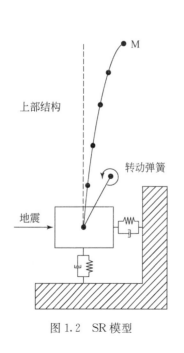

图1.2　SR模型

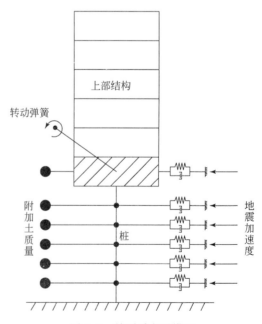

图1.3　并列质点系模型

　　集中参数法由于物理概念清晰,应用简便,在工程中应用较广。但由于无法考虑场地土的非线性特征,因此,对于非均匀、非线性以及地形变化较大的复杂地基情况,集中参数法不再适用。

　　2)子结构法

　　子结构法是将土体-结构体系分解为土体、结构两个子体系或多个子体系,每个子体系可以分别独立的采用数值模型进行分析,然后通过各子体系交界面的协调条件进行综合求解[30,31]。

　　子结构法求解原理和步骤如图 1.4 所示,其中,位于土体-结构交界面上的模型动力节点用圆圈表示。子结构法求解过程分两步:第一,将无解土体作为一个动力子结构来分析,确定与结构连接的那些节点自由度的力-位移关系,称之为土体的动力刚度系数,在物理意义上可解释为一只广义弹簧,即弹簧阻尼体系;第二,分析由此弹簧-阻尼器体系支承的结构,它的荷载由自由场的运动决定。采用子结构法可将复杂的土体-结构体系分解成较容易处理的几个部分,也更便于验算。中间结果也具有意义,可将一些不确定因素考虑在内。在某些情况下,研究参数的影响可以局限于某一部分,这样,比较容易确定最重要的参数和弄清他们对动力反应的影响程度。

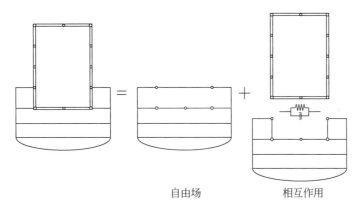

自由场　　　　　　　　相互作用

图 1.4　子结构法求解原理和步骤

　　子结构法利用了叠加原理,理论上只适用于线性系统,因而其应用范围受到限制。此外,子结构法无法直接获得土体中的位移与应力场的变化情况,因而无法用来研究土体-结构动力耦合作用对地基稳定的影响。

　　3)整体分析法

　　整体分析法将结构、地基和土体作为一个整体进行分析,该方法可以考虑土体和结构的非线性特征,结构与地基间滑移和脱离影响,以及动力耦合作用对地基承载力和结构稳定性的影响等,是研究土体-结构耦合作用问题非常有效的方法。但是整体法由于模型自由度多,存在计算量大、耗费大等缺点,因此该计算方法在应用上有一定的局限性,尤其是针对三维动力问题时更为明显。目前常用的整体分析方法包括有限元法、边界元法、无限元法等。

　　有限元是大家所熟知的一种数值计算方法,该方法由于物理概念清楚、数学过程简单、计算程序编制具有有序性、一致性和适用性,以及计算机技术的发展而使其在工程中得到了广泛应用。但是有限元单元的网格尺寸由于受到输入波频率的影响,为了保证一定频率波在单元中的传播,往往需要将单元划分较细,这就增加了计算量;同时该方法无法直接模拟无限地基的辐射阻尼,因此要引入各种人工边界才能得到合理的结构响应。目前人工边界的研究已取得一定的研究成果,比较常用的人工边界有:黏弹性边界、一致边界和透射边界等[32~34]。上述人工边界通过有限元程序,或者通用有限元平台均可非常方便地应用。

边界元法只需对边界进行离散化,使问题的维数至少降低一维,因而待求未知量少,计算数据准备工作量少;并且由于边界元法能自动满足远场的条件,无需引入人工边界,因此在土体-结构动力耦合作用研究中得到比较广泛的应用。Wolf 等[35]和陈清军等[36]分别将边界元方法应用于非线性土-结构相互作用以及桩-土-桩相互作用。但是采用边界单元法对土体进行模拟时,把土体视为均质弹性体,未考虑土体的分层和不均匀特性,土体本构关系也未考虑到非线性特性。

无限元法是在有限元法的基础上,将计算域边界处的单元沿外法线无限延伸,沿延伸方向引入解析函数,故属于半解析半数值方法的一种。由于无限元在边界处采用了满足波动方程的位移模式,因此也就满足了波的无穷远域辐射条件,对于土体-结构动力耦合作用分析采用无限元法是非常合适的。Bettess 等[37]和赵崇斌等[38]采用无限元法在土体-结构动力耦合作用领域进行了研究。

2. 地震动力作用试验研究方法

土体-结构动力耦合作用虽然在理论分析方法上取得了很大进步,但不同计算方法均有一定的假设和简化,有其局限性。因此,采用试验方法进行检验是非常必要的。土体-结构动力耦合作用试验研究在 20 世纪 70 年代之前相对较少,而随着理论研究的深入,测试设备的不断完善以及试验技术的进步,近年来,模型试验的研究已经越来越受到学者的重视,并且取得了一定的研究成果[39~44]。试验研究方法正逐渐成为土体-结构动力耦合作用研究不可或缺的方法之一。

1985 年,台湾电力公司与美国电力研究所合作在台湾罗东地震活动区建造了比例分别为 1∶4 和 1∶12 的两座核电站钢筋混凝土安全壳模型[45~47]。模型接受了 20 余次震级为 4.5~7.0 级的地震测试,取得了大量强震观测资料。结果表明:所采用的各种模型只要对土的分层、阻尼等做出合理的选择和考虑,都能得到非常近似有效的解答。

2010 年,徐炳伟等[48]以天津站交通枢纽的复杂结构-桩-土振动台试验为背景,详细介绍土箱设计特别是其边界设计,通过试验数据并结合模型模态分析对边界效应进行定量分析。结果表明:在土箱底部,通过设置分割条嵌入模型土中做成摩擦边界的效果较好;在土箱垂直于地震动两侧壁上,用聚苯乙烯泡沫塑料做成的柔性边界对 Taft 波和人工波加载的效果比较好,而对天津波加载效果略差。

1.2.2 结构地震响应研究现状

结构地震响应所涉及的工程领域非常广阔,比较典型的有工程场地地震响应、隧道结构地震响应、核岛结构地震响应、桥梁结构地震响应、高层建筑结构地震响应以及防浪堤地震响应。结构各部件在地震作用下的动力响应问题一直是国内外研究的热点[49~53],以下针对本书的工程应用对象,如超高层建筑结构、桥梁结构和隧道结构,总结地震作用下结构动力响应的国内外研究现状。

1. 超高层建筑结构地震响应研究现状

目前,现行建筑抗震设计规范中常以刚性地基假定为前提,这种方法虽然简单易行且对常规建筑具有一定的合理性,但对于大型建筑、超高层建筑体系,土与结构之间的相互耦合作用非常明显,上部结构通过基础对地基土体的反作用会改变地基土体地震动和地面地震动随时间的变化过程。特别是软土、深厚土层地基时,长周期地震动幅值的放大效应会对长周期建筑产生严重影响。针对土体-建筑结构耦合系统地震响应的问题,国内外的专家学者进行了大量的研究工作[54~58],本书重点归纳了土体-建筑结构耦合系统地震响应数值模拟方面取得的研究成果。

1985 年,王有为等[59]采用集中质量法对建筑物-桩-土耦合作用地震响应进行了初步分析。该研究假设土体是水平均匀分层的,并且土体的边界是无限的。在此假设基础上,建立了建筑物-桩-土耦合作用的力学模型和基本方程,并且提出了耦合作用参数的确定方法。研究还针对天津某工程,利用唐山迁安地震波进行了地震响应分析。研究结果表明,考虑土体耦合作用,建筑结构体系的振动周期将增加,同时地震响应会减少。

1988 年,刘季等[60]采用简单子结构模型,结合多种振型分解反应谱法分析了土-高层建筑、高耸结构地震响应,并且比较了不同方法之间的差异。研究结果表明,"计算阻尼"经典振型分解法能较好地估计高层建筑的水平地震响应,但该法低估了竖向地震响应;非经典振型分解法能对高层建筑水平和竖向地震响应进行较好的评估;"修正阻尼"经典振型分解法应用较多,但计算误差偏大。非经典振型分解法理论上较为严谨,计算简便,易于应用。

1993 年,林皋等[61]等采用多质点弹簧、阻尼体系模拟半无限地基的动力阻抗特性,建立了上部建筑-地基-土体耦合体系的计算模型,如图 1.5 所示。采用时程分析方法对某 8 层剪切框架结构进行了分析,计算考虑了结构的非线性。计算结果表明,采用多质点弹簧体系进行多自由度结构分析要比单质点弹簧体系精确,土体-结构耦合作用对结构地震响应影响与土体软弱特性相关。

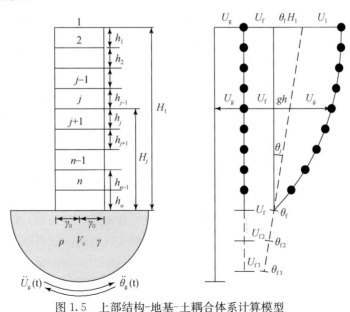

图 1.5　上部结构-地基-土耦合体系计算模型

1999 年, Kiefer 等[62]提出了半连续介质方法,针对土-结构耦合体系地震响应问题建立了数值求解模型。半连续介质方法是在连续介质方法基础上经过进一步结构简化提出的,可在建筑设计阶段进行地震响应评估。为证明该方法的准确性,以 32 层高层建筑为例进行了分析,并且与有限元模型计算结果进行了对比。

2000 年, Inabaa 等[63]采用有限元方法对阪神地震日本电信大楼土-结构地震响应进行了研究。研究先采用一维非线性有限元方法模拟自由土体地震响应并得出基岩地震加速度,在此基础上采用二维非线性有限元方法模拟土-结构地震响应,上部结构被简化为质量-梁模型,土体边界采用黏弹性边界,土-结构二维有限元模型如图 1.6 所示。结果表明,土体作用对上部结构地震响应影响明显。

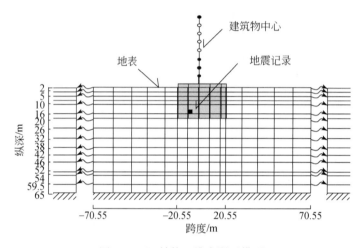

图 1.6　土-结构二维有限元模型

2002 年和 2003 年,熊仲明等[64,65]采用边界元特解样条函数方法提出了上部结构-桩-土耦合作用的运动方程,并且给出了土桩刚度和阻抗的计算方法。通过对上部结构-桩-土耦合系统地震响应分析,指出在共同作用下,结构的动力特性发生了变化,自振频率减小,上部结构的位移、加速度分布不再呈倒三角形分布,而是随着土体软弱程度的增加而越来越接近 K 形分布的特性。

2004 年,李培振等[66]采用直接有限元方法对上海地区某高层建筑-箱基-土进行了地震响应分析,有限元模型如图 1.7 所示。计算中土体本构模型采用等效线性模型,土体边界采用黏弹性边界,研究了多种参数变化对结构响应的影响。计算结果表明,土体尺寸宜采用 10 倍结构横向尺寸并施加黏弹性边界;土体较软时,对建筑结构有减震作用,较硬时反而会增加建筑结构的地震响应。

2009 年,Padron 等[67]采用混合元方法对相邻建筑-土-建筑之间的耦合作用进行了研究,并且对相邻建筑地震作用的耦合效应进行了分析。为减少计算模型自由度,将土体简化为梁模型。研究结果表明,相邻建筑耦合作用可能导致地震响应增加,也可能导致地震响应减小,建筑-土-建筑之间的耦合效应大小决定于相邻建筑之间的距离。

2009 年,Spyrakos 等[68,69]针对独立建筑土-结构耦合作用问题,提出了频域内分析方法,并建立了数值模型。该方法假设模型为四自由度体系,如果忽略地基质量则可简化为二自由度体系,研究中对该方法的准确性进行了验证。该方法尤其适用于低矮宽大建筑和轻

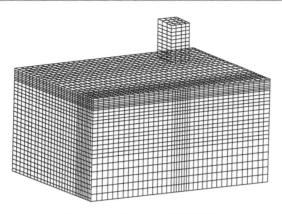

图 1.7 结构-土体有限元模型

型建筑,可用于建筑设计阶段对结构地震响应的分析。

2009 年,徐静等[70]提出了考虑桩-土-结构耦合作用的输电塔结构地震响应分析方法。研究采用黏弹性边界模拟土体边界,采用改进的 Goodman 单元模拟桩-土接触面,以实际工程为例建立了输电塔-桩-土体系有限元模型,分析了不同场地条件下结构地震响应。计算结果表明,在软土及中软土场地,考虑耦合作用计算出的塔体位移和构件应力均大于不考虑耦合作用的计算结果;在中硬土及硬土场地,二者区别不大。

2010 年,张令心等[71]采用直接分析方法对高层建筑结构-土体耦合作用体系进行了地震响应分析。建筑结构采用平面框架-剪力墙模型,土体采用等效线性模型,针对两个不同的算例研究了土-结构耦合作用对建筑结构地震响应的影响,计算模型如图 1.8 所示。计算结果表明,考虑耦合作用时结构顶点加速度峰值比不考虑耦合作用结构顶点的加速度小很多;考虑与不考虑耦合作用时结构最大层间位移出现的位置较为接近,薄弱层的位置基本不变,但考虑耦合作用时较不考虑耦合作用时各层层间位移值均明显变小,且其曲线形状也变得更加均匀。

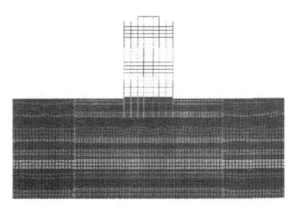

图 1.8 建筑结构-桩-土耦合作用有限元模型

2012～2013 年,杨颜志等[72~75]在综合考虑上海中心大厦主体结构与其幕墙结构之间相互影响的基础上,建立了大厦工程的全尺度有限元模型,分析了大厦的低阶模态,并分析了多遇地震工况和罕遇地震工况条件下幕墙加速度放大系数、幕墙层间位移角和幕墙支撑结构应力的分布情况。结果表明,大厦幕墙结构具有较好的抗震性能,符合抗震设防要求。

2. 桥梁结构地震响应研究现状

桥梁是公路、铁路交通网的咽喉,大跨度桥梁更是交通网中的重中之重。在对大跨度桥梁进行地震响应分析时,土体-桥梁耦合作用是非常重要的因素,尤其对于大跨度桥梁,土体-桥梁耦合作用往往能极大影响桥梁结构的地震响应状况。国内外的专家学者对土体-桥梁耦合系统地震响的问题应进行过大量研究工作[76~80],本书重点归纳了土体-桥梁耦合系统在地震响应数值模拟方面取得的研究成果。

1995 年,Zheng 等[81]采用简单梁-弹簧模型研究了桥梁-基础-土耦合作用,并且根据不同的土体刚度、基础深度等条件确定了简化模型的计算参数。以某悬索桥为例进行了地震响应分析,梁-弹簧模型的计算结果与有限元方法的计算结果进行了对比,证明了该简化模型的可行性。

1997 年,Dameron 等[82]采用集中质量方法分析了桥梁-基础-土耦合作用,以圣迭戈-科罗拉多湾大桥为例建立了数值分析模型,并采用动力时程分析方法分析了该桥的非线性地震响应。

1999 年,Al-Homoud 等[83]采用二维有限元模型分析了沙质土体上桥梁-基础-土耦合作用。桥梁端部支承结构采用刚性子结构模拟,土体本构模型采用非线性模型模拟,土体边界为吸能边界,土体与结构间采用界面单元模拟。研究结果通过与离心机试验对比验证了该模型的准确性。

2002 年,孙利民等[84]以 Penzien 模型为基础提出了改进的 Penzien 模型,如图 1.9 所示,用以研究桩-土体耦合作用,并且提出了模型参数的确定方法。采用动力时程方法对国

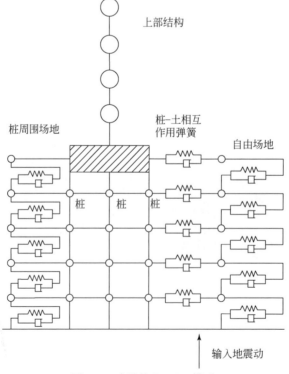

图 1.9　改进的 Penzien 模型

外某高架桥地震响应进行研究,计算结果很好地证明了该模型的正确性。

2005 年,王浩等[85]针对湖南茅草街大桥,采用集中质量模型模拟土-桩-结构耦合作用,并且建立了钢管混凝土桥梁的有限元模型,如图 1.10 所示。研究分析了不同地震激励下桥梁非线性地震响应。计算结果表明,考虑土-桩-结构耦合作用,桥梁的应力水平略有减小,但是不同的地震激励减小程度不一,而且与地震激励的输入方式有很大的关系。考虑土-桩-结构耦合作用,桥梁的局部位移反应可能会增大。

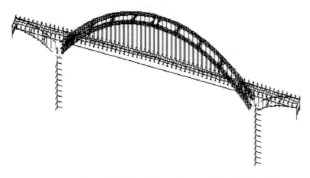

图 1.10　桩-土-结构耦合作用模型(湖南茅草街大桥)

2005 年,陈清军等[86]认为桩-土耦合作用不考虑相互滑移和脱落可能存在不足,因此提出了通过考虑桩-土接触效应模拟桩-土的滑移和脱落。研究以某桥梁工程为背景,建立了桩-土-桥梁三维有限元模型,并且在桩-土间设立了接触模型,模拟桩-土耦合作用。通过对该模型的地震响应分析,结果表明,考虑桩-土接触效应可能会使桥梁结构的位移响应增加。

2008 年,Elgamal 等[87]采用整体有限元方法分析了桥梁-基础-土耦合作用,并且以洪堡湾大桥为例建立了桥梁-基础-土三维非线性有限元模型,如图 1.11 所示。对土体侧面边界施加一定的位移条件,底部采用黏弹性边界,重点研究了非线性条件下桥梁结构的地震响应。计算结果表明,桥梁纵向响应主要取决于土体的横向变形情况和桥梁端部状况,桥梁横向响应主要取决于多个桥墩的共同作用,桥梁端部的变形和位移很大程度上影响桥梁结构的地震响应,因此有必要对该位置进行更精细的分析。

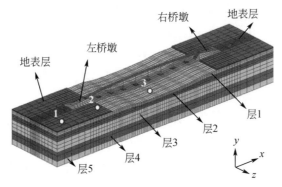

图 1.11　桥梁-基础-土体三维非线性有限元模型

2008 年,鲍宸民等[88]、李纬等[89]采用整体有限元分析方法分析了斜拉桥-桩-土耦合作用,以某斜拉桥工程为例建立斜拉桥-桩-土三维有限元模型,如图 1.12 所示。土体四周采用滚轴边界约束其竖向自由度,土底面采用黏弹性边界,重点研究了考虑结构非线性和不考虑结构非线性情况下斜拉桥结构的地震响应差异。计算结果表明,考虑非线性结构的应力有所减小,但结构的变形有所增加。

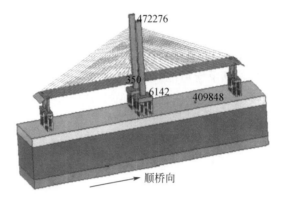

图 1.12   桥-桩-土三维有限元模型

2009 年,Mayoral 等[90]采用数值模型方法对地铁车站高架桥系统进行了地震响应模拟。该高架桥建立在软土结构之上,土体剪切刚度较小。桥梁运营期间经历过多次地震,因此有丰富的地震响应记录。该研究以两次中震为例,采用数值模型方法还原地震过程,计算结果表明,数值模拟结果和记录结果吻合较好。

2009 年,李悦等[91]采用集中质量模型模拟桥-桥台-土耦合作用,采用有限元法模拟桥梁结构。以某 5 跨连续桥为对象研究了桥梁结构的地震响应。计算结果表明,桥台基础的提离作用能极大地降低桥梁结构的地震响应内力,但是却可能导致位移增大,考虑地基土的屈服效应可降低桥梁结构的地震响应。

3. 隧道结构地震响应研究现状

隧道结构由于本身埋置于土体之下,其土体-结构耦合作用较地面结构更为显著。隧道结构涉及交通、资源输送以及通信等多个领域,因此国内外对土体-隧道系统地震响应问题非常重视,采用试验方法和理论方法进行了大量的研究工作[92~96]。本书重点归纳了土体-隧道耦合作用系统地震响应数值模拟方面取得的研究成果。

2001 年,杨辉[97]等采用等效质量-弹簧模型,如图 1.13 所示,对黄浦江过江隧道地震响应进行了分析。通过数值计算发现,隧道与风井接头处的轴力、角位移、剪力较大。研究建议分段隧道长度应基本相等,从而减小地震作用下隧道接头位置的内力和位移响应。

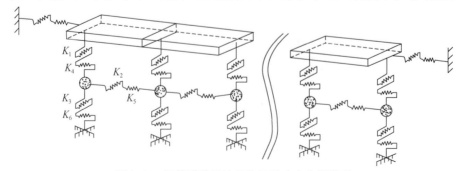

图 1.13   沉管隧道及地基的地震响应分析模型

2005 年,祝彦知等[98]针对盾构隧道抗震设计的特点,基于横观各向同性弹塑性模型,开发了考虑层状土体各向异性和施工开挖效应,适合于地下结构动力计算的弹塑性动力有限元程序,并对某地铁车站附近区间隧道地震响应进行了研究。该研究认为在层状土体-地铁盾构隧道的抗震分析中必须考虑土体各向异性。

2006 年,陈键云等[99]采用流-固耦合的方法对大管径穿越软土地区的浅埋输水隧道的抗震性进行了研究。该研究考虑了土体-隧道耦合作用和隧道-内水耦合作用,并对隧道无水状态、半满水状态和满水状态的地震响应进行了对比分析。

2007 年,Anastasopoulos 等[100]对埋深达 70m 的深埋隧道进行了地震响应研究,隧道采用多段梁、弹簧模型模拟,考虑了周围土体-隧道结构的耦合作用。计算结果表明,采用较短的隧道分段结构以及分段隧道间采用合理的垫圈减振连接结构,可以有效降低隧道的地震响应。研究数据可以作为工程的设计依据,同时可以为同类工程提供参考。

2007 年,耿萍等[101]针对某工程隧道,采用三维有限元方法对隧道三向地震作用下的地震响应进行研究,重点分析了合理的盾构隧道力学模型、隧道与土体之间的耦合作用以及隧道的振动特性。通过隧道与土体的整体分析,得到了盾构隧道位移和应力的分布及其随时间的变化曲线。研究表明,压缩波引起的纵向拉、压应力和剪切波引起的扭曲变形是隧道抗震设计的关键。

2009 年,Park 等[102]采用三维有限元方法对土体-隧道结构地震响应进行了研究,地震作用考虑了地震波的行波效应和空间放大效应。计算结果表明,行波效应能够引起隧道结构的轴向弯曲,并且引起隧道轴向应力的增大。

2009 年,王国波等[103]采用三维有限元方法对软土-地铁车站及隧道结构地震响应进行了研究。判断出结构的薄弱部位及地震荷载引起结构内力的增幅,分析了隧道对车站结构内力的影响。研究成果可为地铁车站结构及隧道的抗震设计提供参考。

2010 年,Hatzigeorgiou 等[104]采用三维有限元模型,如图 1.14 所示,对考虑土体-结构耦合作用影响的隧道结构进行地震响应分析,土体和隧道均采用非线形模型,采用黏弹性边界模型边界条件。计算结果表明,减少周围岩土的强度或减少隧道衬砌的厚度将增加隧道结构的地震破坏效应。

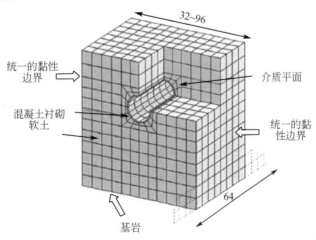

图 1.14　土体-隧道三维有限元模型(单位:m)

2010 年,Shahrour 等[105]采用二维有限元方法对软土层-隧道结构地震响应进行了研究,土体和隧道均采用非线性本构模型并且考虑了土体的膨胀效应。计算结果表明,采用非线性土体本构模型能够降低地震动的放大效应,进而减少隧道的地震响应。土体的膨胀效应降低了隧道的垂向变形和弯曲变形。

2014 年,Zhang 等[106]采用三维有限元方法结合多尺度方法对盾构隧道地震响应进行研究,考虑土体非线性及衬砌隧道接头引起的材料各项正交异性特征。计算得到衬砌层地震作用下应力、弯矩和轴力分布。

2014 年,楼云锋等[107]为研究输水隧道内部流体对隧道地震响应的影响,考虑黏-弹性人工边界、土壤的非线性、隧道结构刚度有效率及流固耦合作用,引入正交各向刚度不等的连续材料衬砌模型,建立了双线隧道-土体-流体相互耦合作用的力学模型,采用基于 ALE 描述的流固耦合方法,对大直径双线输水隧道在流体作用下的地震响应进行了分析。结果表明:在水平方向地震激励下,无论一致激励或是非一致激励流体对隧道地震变形和内力都有较大影响,但对位移影响较小;对于不同隧道内水量,隧道弯矩均集中于衬砌隧道 45°交叉斜线位置;相比于一致激励,非一致激励对增强隧道地震位移和变形响应是明显的。

1.2.3　地震响应并行计算研究现状

土体-结构耦合系统数值模拟需要对土体和结构的耦合作用进行高精度计算,因此耦合界面位置单元划分较小,同时为保证结构计算精度以及土体的足够计算范围,系统的总体单元数量往往较多,需要求解自由度达几十万甚至上百万的方程组。因此,对于土体-结构耦合系统数值模拟这类高度非线性动力学问题,有必要进行并行计算技术研究。

自从 20 世纪 70 年代并行计算机问世以来,除对传统的有限元分析寻求向量化与并行化,并在各种并行计算机系统上实现外,还在有限元分析和设计过程的各个层次探索与提高并行度的各种策略和技术。

有限元并行算法理论的不断成熟与并行计算机发展密切相关,不少计算数学家和工程人员致力于有限元分析的并行计算,适用于不同类型并行计算机的有限元并行算法及程序相继产生,结构静、动力线性及非线性分析、优化设计、稳定分析等有限元并行算法的研究越来越活跃。各种有限元并行分析的任务划分法(如区域分解法等)也相继出现。其中区域分解法因具有减小计算规模、适合并行计算、不同子区域网格部分及模型选择比较灵活等优点,迅速被应用到并行有限元计算中,由此也推动了并行计算技术在数值模拟中的普及应用。

目前针对土体-结构耦合作用系统地震响应分析的并行计算还处于起步阶段,已发表的文献较少。钟红等[108]针对土体-大坝结构抗震问题,开发了专用的并行计算程序,进行了地震响应和并行效率研究。Chen 等[109]针对土体-地铁车站工程抗震问题,开展了并行计算研究,证明了合理的并行计算方法能极大地提高抗震问题的计算速度。阚圣哲等[110]在 Abaqus 软件平台基础上,构建了计算机集群并行计算平台,并且对地震响应问题进行计算,该平台极大地提高了计算速度。

2006～2007 年,Guo 等[111,112]采用并行计算方法,分别对土体-盾构隧道和土体-沉管隧道地震响应问题进行了研究,并且结合常规分区方法提出了负载均衡分区方法。计算表明,并行计算能极大提高计算速度,使数百万单元超大规模问题求解成为可能,新的并行分区方法能够较好的保证计算效率。

2009 年,Yamada[113]针对土体-核电站抗震问题,采用并行计算方法并结合均衡的分区方法进行了地震响应计算,对不同分区数量的并行效率进行对比,给出了最优化的计算分区数量。

1.2.4　对研究现状的总结

如何防止和减少地震灾害带来的损失一直是结构设计中关注的焦点,由于复杂结构多依附于土体而存在,因此土体-复杂结构地震响应研究是抗震研究中不可忽略的重点。从以往的国内外研究文献看,国内外学者采用各种方法,对土体-复杂结构抗震分析进行大量的研究工作,并取得了重大的研究成果,促进了土体-复杂结构抗震设计水平的提高。但目前对于土体-复杂结构抗震研究还存在一些不足。

对于土体-结构动力耦合作用研究,大多数文献中采用集中质量模型,及简单的梁-弹簧模型模拟土体-结构动力耦合作用,此分析方法较简单,对于结构整体动力特性分析具有一定的合理性,但是无法模拟土体-结构之间的细节特性,尤其是土体-结构之间的脱离效应以及土体的非线性特性无法研究。另一些文献采用整体分析法,建立土体-结构的有限元模型并进行分析。部分文献考虑了土体-结构间的接触效应,但是由于整体分析法模型自由度较大,对计算能力要求过高,为使模型的总自由度控制在可计算范围内,目前很多研究对模型进行了大量的简化,局限于分析结构的整体响应状况,对于细节响应分析较少。

土体-建筑结构耦合作用系统地震响应研究领域,虽然部分研究考虑了土体的非线性特性,但是建筑结构多采用梁-质量模型模拟,无法完全反映建筑结构的真实细节情况,对于建筑结构关键位置的分析更是无法进行。土体-桥梁结构耦合作用系统地震响应研究领域,部分研究也考虑了土体的三维特性和非线性特性,但是桥梁结构模型大多采用梁-杆单元,对桥梁结构进行了大量简化,因此无法对结构局部内力和应力进行精确分析。部分研究考虑了桥梁的细节特性,但是受制于计算能力的限制,仅局限于跨度较小的桥梁。土体-隧道结构耦合作用系统地震响应研究领域,一般采用二维平面模型或者简化的三维模型进行分析,对隧道结构的细节模型也进行了大量简化,数值分析只能反映小范围隧道结构的地震响应特征,无法充分反映真实工程背景下大规模复杂地下结构的地震响应特征,更无法反映大规模复杂地下结构细节位置或关键断面的地震响应特征。

土体-结构耦合作用系统地震响应并行计算研究目前才刚刚起步,国内外相关的文献较少,仅针对个别工程案例进行了分析。从已有的文献看,土体-结构数值模型自由度规模一般较小。针对土体-复杂结构采用精细数值模型进行全区域地震响应分析,并且将并行算法应用于土体-复杂结构地震响应分析的研究很少。

1.3　本书的研究内容

本书结合国内外研究现状,以实际工程项目为背景,提出了地震响应并行计算方法。主要针对以下内容进行了深入研究。

第 2 章研究了地震响应并行计算的基本理论。土体-复杂结构耦合作用系统计算规模巨大,模型中存在大量的几何非线性、材料非线性和接触非线性问题,采用显式积分算法,具有计算效率高、适合并行计算等优点。结合上海超算中心曙光 5000A 高性能计算平台,基于递归二分法,提出了土体-结构耦合作用均衡分区方法,以土体-建筑结构耦合作用系统、土体-桥梁结构耦合作用系统和土体-隧道结构耦合作用系统作为工程应用实例,证实了新的分区方法具有更好的加速比和并行效率。

第 3 章研究了地震响应并行计算的拟实建模方法。采用分段的 bucket 分类搜索和双向对称接触方式实现土体-结构耦合作用模型。研究了土体分层建模方法,从而使土体模型与地质勘测情况相近,并且依据地震波的传播特征,对土体单元尺寸进行了控制。研究了黏弹性人工边界在半无限土体中的应用,并且对黏弹性边界和土体计算区域进行了分析和验证。

第 4 章根据盾构隧道的特点,提出了正交各向异性模型参数校订方法,并结合上海崇明长江隧道的工程实例证实了等效模拟试验方法的可行性。通过该方法建立的盾构隧道正交各向异性模型,在满足工程实际计算的情况下,同时考虑隧道横向和纵向的不同力学特性。根据土体计算模型,提出土层瑞利阻尼参数校定方法,通过比较 LS-DYNA 和 SHAKE91 计算地震波的作用下的土层反应时域分析结果与频域分析结果,证实本书的 LS-DYNA 模型阻尼参数可以很好地应用于土层自由场分析。

第 5 章介绍了工程场地地震响应并行计算的应用实例。以上海某液化天然气工程接受码头场地为工程应用对象,根据国家地震安全性评价的相关法规和要求,利用三维数值仿真方法,对上海液化天然气工程接收站码头场地的地震动反应进行数值仿真,分析工程所在区域中岛屿和海底地形对地震动的放大效应,为工程场地抗震设计及安全评估提供参考。

第 6 章介绍了海岸工程地震响应并行计算的应用实例。以浙江沿海某核电站防浪堤为工程应用对象,根据实际工程图纸,建立土体-防浪堤结构-海水全三维有限元模型,对防浪堤在超强大地震作用下的动态响应进行仿真模拟,分析防浪堤在超强地震发生时可能发生破坏的模式和位置,分析影响防浪堤抵御超强地震能力的主要因素及规律,分析比较提高防浪堤抵御超强地震的多种措施。为沿海防浪堤结构抗震设计及安全评估提供参考。

第 7 章介绍了隧道工程地震响应并行计算的应用实例。以上海某长江双线隧道为工程应用对象,根据实际工程图纸,建立土体-隧道结构的全三维有限元模型。数值模拟选取 50 年超越概率 3% 和 50 年超越概率 10% 的基岩加速度时程作为输入激励,进行了一致激励下和行波激励下结构地震响应计算。重点分析了普通隧道断面变形和应力,以及联络通道的应力和变形缝张开量,为隧道抗震设计及安全评估提供了参考。

第 8 章介绍了核电工程地震响应并行计算的应用实例。以国内某核电站核岛结构抗震分析为工程应用对象,根据实际工程图纸,建立土体-桩基-核岛结构的全三维有限元模型。重点分析了核岛结构地震响应,以及桩基对核岛结构地震响应的影响,为核岛结构抗震设计及安全评估提供参考。

第 9 章介绍了桥梁工程地震响应并行计算的应用实例。以上海某桥梁结构为工程应用对象,根据实际工程图纸,建立了土体-桥梁结构的全三维有限元模型。数值模拟选取 50 年超越概率 3% 的基岩加速度时程作为输入激励,进行了一致激励下和行波激励下结构地震响应计算。重点分析了主塔的变形和内力,以及主梁的变形和应力。为桥梁抗震设计及安全评估提供了参考。

　　第 10 章介绍了建筑工程地震响应并行计算的应用实例。以上海某大厦结构为工程应用对象,根据实际工程图纸,建立了土体-桩筏基础结构-建筑主体结构-建筑幕墙结构的全三维有限元模型。数值模拟选取四条结构响应较大的地震波作为输入激励,重点分析了建筑主体结构和幕墙结构在不同地震烈度下的地震响应,为高层建筑结构抗震设计及安全评估提供了参考。

第 2 章　地震响应并行计算的基本理论

2.1　引　　言

在地震响应数值模拟中,由于受到计算条件限制,一般采用简化的模型进行分析,单元规模较小。如果采用全三维非线性有限元模型进行分析,单元规模将达到百万级,同时涉及几何非线性、材料非线性、边界非线性以及接触非线性等高度非线性问题,导致数值模拟过程计算量巨大,采用高效的计算方法是非常必要的。非线性结构动力学分析需采用时域积分的方法,其中显式计算理论,用集中质量矩阵和单点积分,可以大大节省存储空间和求解时间,从而提高计算效率。

传统的数值计算方法采用单个计算机的串行指令流计算方式,该方式计算效率直接受制于单台计算机的内存大小和 CPU 处理速度,已无法满足现代工程计算精度和时间的需求。随着并行计算方法和并行计算机的发展,工程科学计算领域越来越多的应用并行计算方式,不断寻求更为强大的计算能力,解决更为复杂的问题。高性能计算平台及并行计算技术已经成为求解土体-结构耦合作用系统动力响应问题的一种重要手段和方式。

本章以提高土体-结构耦合作用问题数值模拟的计算效率为目的,首先介绍了几何非线性基本理论,并阐述显式动力有限元分析方法的基本理论;其次介绍了并行计算机体系结构的发展及现状,重点介绍本研究采用的并行计算平台——曙光 5000A 高性能计算机的并行环境;最后根据土体-结构动态耦合作用特点,以及超级计算机平台的体系结构特点,基于显式有限元计算方法,在现有并行分区方法的基础上,提出了土体-结构耦合作用负载均衡的分区方法,将两种分区方法应用于土体-超高层建筑结构、土体-桥梁结构和土体-隧道结构三个耦合作用系统的地震响应数值模拟中,比较了不同分区方法的并行计算效果。

2.2　几何非线性基本理论

几何非线性理论一般可以分成大位移小应变(有限位移理论)和大位移大应变理论(有限应变理论)两种[114]。斜拉桥的斜拉索作为一种柔性构件,在自重和轴力作用下将呈悬链线形状。斜拉索的轴力随垂度改变而改变,而垂度又取决于斜拉索张力,斜拉索张力与变形之间存在着明显的几何非线性,属于大位移小应变的几何非线性行为[115]。

2.2.1　变形和运动

占据一定空间位置的任何变形体,构成一定的形状,我们将这种几何形状称为构形。物体在问题求解开始时的构形称为初始构形,在任一时刻的构形称为现时构形。物体几何构形的改变称为变形,物体位置的改变称为运动[116]。

　　考虑一个物体在 $t=0$ 时的初始状态,如图 2.1 所示。物体在初始状态的域用 Ω_0 表示,称为初始构形。在描述物体的运动和变形时,还需要一个构形作为各种方程式的参考,称为参考构形,一般情况使用初始构形作为参考构形。物体的当前构形域用 Ω 表示,通常也称作现时构形。这个域可以是一维、二维或三维,其边界用 Γ 表示。

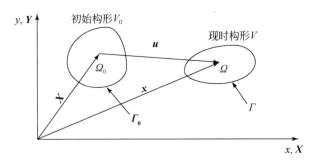

图 2.1　初始构形和现时构形

　　在参考构形中材料点的位置矢量用 $\boldsymbol{X}$ 表示:

$$\boldsymbol{X}=X_i\boldsymbol{e}_i,\quad i=1,2,3 \tag{2.1}$$

式中,X_i 为参考构形中材料点位置矢量的分量;$\boldsymbol{e}_i$ 为直角坐标系的单位矢量。

　　对于一个给定的材料点,矢量变量并不随时间而变化,变量 X_i 称为材料坐标或坐标,它提供了材料点的标志。

　　描述物体运动和变形有两种方式:在第一种方式中,独立变量是材料坐标 X_i 和时间 t,见式(2.2),这种方式称为材料描述或 Lagrangian 描述。

$$\boldsymbol{x}=\boldsymbol{x}(\boldsymbol{X},t) \tag{2.2}$$

在第二种方式中,独立变量是空间坐标 x_i 和时间 t,称为空间描述或 Eulerian 描述。对于固体力学问题,应力一般依赖于变形和它的历史,所以必须指定一个未变形构形。因为大多数固体的历史依赖性,在固体力学中普遍采用 Lagrangian 描述,而 Eulerian 描述多用于流体力学。在 Lagrangian 有限元的发展中,一般采用两种方法:完全的 Lagrangian 格式和更新的 Lagrangian 格式[117,118]。

2.2.2　更新拉格朗日格式

　　以 Eulerian 度量的形式表述应力和应变的公式,导数和积分算法采用相应的 Eulerain 坐标,称为更新的 Lagrangian 格式。以 t 时刻的构形作为参考构形,更新拉格朗日格式的质量守恒方程为

$$\rho(\boldsymbol{X},t)J(\boldsymbol{X},t)=\rho_0(\boldsymbol{X}) \tag{2.3}$$

动量守恒方程为

$$\frac{\partial\sigma_{ij}}{\partial x_j}+\rho b_i=\rho\,\ddot{u}_i \tag{2.4}$$

能量守恒方程为

$$\rho\dot{w}^{\text{int}}=D_{ji}\sigma_{ij} \tag{2.5}$$

变形率为

$$D_{ij} = \frac{1}{2} \left(\frac{\partial v_i}{\partial x_j} + \frac{\partial v_j}{\partial x_i} \right) \tag{2.6}$$

本构关系为

$$\overset{\triangledown}{\sigma} = \overset{\triangledown}{\sigma}(D_{ij}, \sigma_{ij}, \cdots) \tag{2.7}$$

边界条件为

$$\begin{cases} (n_j \sigma_{ji}) \big|_{A_t} = \bar{t}_i \\ v_i \big|_{A_v} = \bar{v}_i \end{cases} \tag{2.8}$$

初始条件为

$$\dot{\boldsymbol{u}}(\boldsymbol{X}, 0) = \dot{\boldsymbol{u}}_0(\boldsymbol{X}), \quad \sigma(\boldsymbol{X}, 0) = \sigma_0(\boldsymbol{X})$$

$$\dot{\boldsymbol{u}}(\boldsymbol{X}, 0) = \dot{\boldsymbol{u}}_0(\boldsymbol{X}), \quad \boldsymbol{u}(\boldsymbol{X}, 0) = \boldsymbol{u}_0(\boldsymbol{X}) \tag{2.9}$$

动量守恒方程式(2.4)要求在求解区域内处处满足,直接求解方程组几乎是不可能的。数值计算方法从微分方程的弱形式出发,只要求动量方程在内积意义下满足,由此推导出虚功率方程,并经有限元离散后,得到节点位移方程。

取虚速度为加权系数,利用加权余量法,动量方程的弱形式可以写成

$$\int_V \delta v_i \left(\frac{\partial \sigma_{ij}}{\partial x_j} + \rho b_i - \rho \ddot{u}_i \right) \mathrm{d}V = 0 \tag{2.10}$$

式中,$\delta v_j(\boldsymbol{X}) \in R_0$,$R_0 = \{\delta v_j \mid \delta v_j \in C^0(\boldsymbol{X}), \delta v_j \big|_{A_v} = 0\}$ 为虚速度。利用分步积分,式(2.10)可以写成

$$\int_V \frac{\partial(\delta v_i)}{\partial x_j} \sigma_{ji} \mathrm{d}V - \int_V \delta v_i \rho b_i \mathrm{d}V - \int_{A_t} \delta v_i \bar{t}_i \mathrm{d}A + \int_V \delta v_i \rho \ddot{u}_i \mathrm{d}V = 0 \tag{2.11}$$

式(2.11)即为动量守恒方程、面力条件的弱形式,称为虚功率方程。

虚功率方程式的数值求解过程是首先将结构空间离散化,质点在任一时刻的空间坐标 $x_i(\boldsymbol{X}, t)$ 为

$$x_i(\boldsymbol{X}, t) = N_I x_{iI}(t) \tag{2.12}$$

式中,N_I 为节点 I 的形函数,重复下标表示在其取值范围内求和。

由此可得单元内任一节点的位移为

$$u_i(\boldsymbol{X}, t) = x_i(\boldsymbol{X}, t) - X_i = N_I(\boldsymbol{X}) u_{iI}(t) \tag{2.13}$$

式中,$u_{iI} = x_{iI}(t) - X_{iI}$ 为节点 I 的位移。单元内任一点的速度、加速度、变形率以及虚速度可表示为

$$\begin{cases} \dot{u}_i(\boldsymbol{X}, t) = N_I(\boldsymbol{X}) \dot{u}_{iI}(t) \\ \ddot{u}_i(\boldsymbol{X}, t) = N_I(\boldsymbol{X}) \ddot{u}_{iI}(t) \\ D_{ij} = \frac{1}{2} \left(\frac{\partial \dot{u}_i}{\partial \dot{x}_j} + \frac{\partial \dot{u}_j}{\partial \dot{x}_i} \right) = \frac{1}{2} \left(\dot{u}_{iI} \frac{\partial N_I}{\partial x_j} + \dot{u}_{jI} \frac{\partial N_I}{\partial x_i} \right) = \boldsymbol{B}_I \boldsymbol{u}_I \\ \delta v_i(x) = N_I(x) \delta v_{iI} \end{cases} \tag{2.14}$$

将式(2.14)写成矩阵形式,并代入虚功率方程式(2.11)中,整理后得

$$\boldsymbol{M}\ddot{\boldsymbol{U}} + \boldsymbol{f}^{\mathrm{int}} = \boldsymbol{f}^{\mathrm{ext}} \tag{2.15}$$

其中,

$$f^{\text{int}} = \int_V \boldsymbol{B}^{\text{T}} \sigma \mathrm{d}V$$

$$f^{\text{ext}} = \int_V \boldsymbol{N}^{\text{T}} \rho b \, \mathrm{d}V + \int_{A_t} \boldsymbol{N} \, \bar{t} \, \mathrm{d}A$$

$$\boldsymbol{M} = \int_V \rho_0 \boldsymbol{N}^{\text{T}} \boldsymbol{N} \mathrm{d}V = \int_{V_0} \rho_0 \boldsymbol{N}^{\text{T}} \boldsymbol{N} \mathrm{d}V_0$$

式中, f^{int} 为内力阵; f^{ext} 为外力阵; $\boldsymbol{M}$ 为系统质量阵, 与时间无关, 只需要在初始时刻计算即可。

求解式(2.15), 可以得到当前时刻下的节点位移 $\boldsymbol{u}_I$, 进而求得当前时刻的结构应力与应变。

2.2.3　完全拉格朗日格式

以 Lagrangian 度量的形式表述应力和应变的公式, 导数和积分算法采用相应的 Lagrangian坐标, 称为完全的 Lagrangian 格式。采用式(2.16)可以将更新 Lagrangian 格式中的量变换到初始构形中:

$$
\begin{cases}
\sigma_{ji} = \dfrac{\partial x_j}{\partial X_k} \dfrac{\partial x_i}{\partial X_l} S_{kl} \\
\rho b_i \mathrm{d}V = \rho_0 b_i \mathrm{d}V_0 \\
\bar{t}_i \mathrm{d}A = \bar{t}_i^0 \, \mathrm{d}A_0
\end{cases}
\tag{2.16}
$$

将式(2.16)代入式(2.15)中, 即可得到完全拉格朗日格式下的运动微分方程

$$\boldsymbol{M}\ddot{\boldsymbol{U}} + f^{\text{int}} = f^{\text{ext}} \tag{2.17}$$

式中,

$$f^{\text{int}} = \int_{V_0} \boldsymbol{B}_0^{\text{T}} \boldsymbol{S} \mathrm{d}V_0$$

$$f^{\text{ext}} = \int_{V_0} \boldsymbol{N}^{\text{T}} \rho_0 b \mathrm{d}V_0 + \int_{A_t^0} \boldsymbol{N} \bar{t}^0 \mathrm{d}A_0$$

$$\boldsymbol{M} = \int_{V_0} \rho_0 \boldsymbol{N}^{\text{T}} \boldsymbol{N} \mathrm{d}V_0$$

其中, $\boldsymbol{B}_0 = \boldsymbol{B}_L + \boldsymbol{B}_N$, $\boldsymbol{B}_L$ 为线性部分, 与 $\boldsymbol{u}_I$ 无关; $\boldsymbol{B}_N$ 为非线性部分, 一般是 $\boldsymbol{u}_I$ 的线性函数。

2.2.4　几何非线性问题的数值计算方法

更新 Lagrangian 格式和完全 Lagrangian 格式都可以用于各种几何非线性分析, 但更新 Lagrangian 格式适用于大位移、小应变的几何非线性问题, 而完全 Lagrangian 格式除了上述问题外, 还适用于非线性大应变分析、弹塑性应变分析, 并可以追踪变形过程的应力变化。本书采用了完全 Lagrangian 格式求解几何非线性问题。

求解大位移效应引起的几何非线性问题, 采用了基于完全 Lagrangian 格式的"拖动坐标系"对结构几何位置进行修正, 此种方法也称为 CR(co-rotational)。在每一个单元上都附加一个坐标系, 这个坐标系跟随着单元平动和转动, 用这个坐标系把单元的刚体平动、转动与能引起单元变形的那部分运动区分开来。

更新 Lagrangian 格式, 可以写成如下形式的有限元格式常微分方程:

$$\boldsymbol{M}\ddot{\boldsymbol{U}} = \boldsymbol{F} \tag{2.18}$$

式中,$F = f^{ext} - f^{int}$。

对式(2.18)采用显式中心差分法求解。在中心差分算法的每一时步$[t, t+\Delta t]$内,$M = M(u_{I(t)})$,$F = f(u_{I(t)})$,可以直接求解式(2.18)。

已知t_n时刻的构形$x(t_n)$、形变速率$\dot{x}(t_n)$、应力矢量$\sigma(t_n)$以及t_{n+1}时刻的构形$x(t_{n+1})$、形变速率$\dot{x}(t_{n+1})$,则t_{n+1}时刻的应力矢量为

$$\sigma_{ij}(t_{n+1}) = \sigma_{ij}(t_n) + \dot{\sigma}_{ij}(t_{n+1/2})\Delta t_n \tag{2.19}$$

式中,$t_{n+1/2} = \frac{1}{2}(t_n + t_{n+1})$;$\Delta t_n = t_{n+1} - t_n$。

考虑结构的大变形特点,在本构方程中与应变率对应的应力率必须是关于刚体转动具有不变性的客观张量。采用 Jaumann 应力率,相应于 Euler 应力与无穷小应变,各向同性线弹性材料的本构方程为

$$\overset{\triangledown}{\sigma}_{ij} = D_{ijkl}\dot{\varepsilon}_{kl} \tag{2.20}$$

式中,D_{ijkl}是材料系数矩阵。

Jaumann 应力率的表达式改写为

$$\dot{\sigma}_{ij} = \overset{\triangledown}{\sigma}_{ij} + \sigma_{ip}\Omega_{jp} + \sigma_{jp}\Omega_{pi} \tag{2.21}$$

将式(2.21)代入式(2.19),可以得到t_{n+1}时刻的应力矢量修正后的计算公式为

$$\sigma_{ij}(t_{n+1}) = \sigma_{ij}(t_n) + D_{ijkl}\dot{\varepsilon}_{kl}(t_{n+1/2})\Delta t + [\sigma_{ik}(t_n)\Omega_{kj}(t_{n+1/2}) + \sigma_{jk}(t_n)\Omega_{ki}(t_{n+1/2})]\Delta t_n \tag{2.22}$$

2.3　显式有限元方法基本理论

2.3.1　显式时间积分算法

目前,动力时程分析方法已成为地震响应分析的重要手段之一,适宜采用时域数值积分方法求解。变形体运动学方程的数值求解一般可分为隐式积分算法[119]和显式积分算法[120,121]。隐式积分算法由于自身特点,求解动力学问题需要在每一个增量步内对静态平衡方程进行迭代求解,求解过程需要大量计算资源,以及大量的内存和硬盘空间。当求解问题包含高度非线性时,采用隐式算法很难保证计算的收敛性。相对于隐式积分算法,显式积分算法无须对方程组迭代求解,计算精度及收敛性取决于时间步,特别适合求解地震响应分析的高度非线性动态问题。因此,本书采用显式动力时程分析方法进行地震响应分析。

t_n时刻非线性变形体的运动方程为

$$M\ddot{x}_n + C\dot{x}_n + N_n^{int} - H_n = N_n^{ext} \tag{2.23}$$

式中,$\ddot{x}_n$和$\dot{x}_n$分别为时步n的加速度和速度;M为质量矩阵;C为阻尼矩阵;N_n^{ext}为外力矢量;H_n为沙漏阻力矢量;N_n^{int}为内力矢量,包含单元应力场等效节点力和接触力,其表达式为

$$N_n^{int} = \sum \int_V B^T \sigma_n dV + F^{contact} \tag{2.24}$$

式中,σ_n为单元应力;B为应变位移阵;$F^{contact}$为接触力。

式(2.23)中沙漏阻力H_n是一项人为添加的阻力,目的是为了控制单元单点积分而引起

的沙漏模式(零能模式)。

采用中心差分法的显式算法求解动力方程,其时间步长取决于单元的特征长度。如果动力学问题涉及大变形,其计算时间步将随着单元尺寸的变化而变化。本书显式时间积分算法在中心差分法基础上,采用变时间步为特点的显式时间积分方案(图 2.2)。

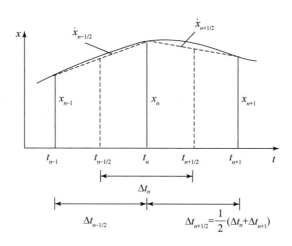

图 2.2　显式时间积分案

如图 2.2 所示,可以将时间轴分割为 t_{n-1}、$t_{n-1/2}$、t_n、$t_{n+1/2}$、t_{n+1},对应的空间位置为 X_{n-1}、$X_{n-1/2}$、X_n、$X_{n+1/2}$、X_{n+1},于是有

$$\Delta t_n = t_{n+1/2} - t_{n-1/2} \tag{2.25}$$

$$\Delta t_{n-1/2} = \frac{1}{2}(\Delta t_n + \Delta t_{n-1}) \tag{2.26}$$

$$\Delta t_{n+1/2} = \frac{1}{2}(\Delta t_n + \Delta t_{n+1}) \tag{2.27}$$

速度和加速度的差分格式为

$$\dot{x}_{n+1/2} = \frac{1}{\Delta t_{n+1/2}}(x_{n+1} - x_n) \tag{2.28}$$

$$\ddot{x}_n = \frac{1}{\Delta t_n}(\dot{x}_{n+1/2} - \dot{x}_{n-1/2}) \tag{2.29}$$

假设 t_n 时刻的加速度为

$$\ddot{x}_n = M^{-1}(P_n - N_n^{\text{int}} + H_n - C\dot{x}_n) \tag{2.30}$$

由式(2.29)可得速度为

$$\dot{x}_{n+1/2} = \dot{x}_{n-1/2} + \Delta t_n \ddot{x}_n \tag{2.31}$$

由式(2.28)可得位移为

$$x_{n+1} = x_n + \Delta t_{n+1/2} \dot{x}_{n+1/2} \tag{2.32}$$

若初始条件为

$$x_0 = \bar{x}_0 + u_s \tag{2.33}$$

$$v_0 = \frac{1}{2}(\dot{x}_{-1/2} + \dot{x}_{1/2}) \tag{2.34}$$

可推导得

$$\ddot{\boldsymbol{x}}_0 = \boldsymbol{M}^{-1}(\boldsymbol{N}_0^{\text{ext}} - \boldsymbol{N}_0^{\text{int}}(\boldsymbol{u}_s) + \boldsymbol{H}_0 - \boldsymbol{C}\boldsymbol{v}_0) \tag{2.35}$$

$$\dot{\boldsymbol{x}}_{1/2} = \boldsymbol{v}_0 + \frac{1}{2}\Delta t_0 \ddot{\boldsymbol{x}}_0 \tag{2.36}$$

式中,$\bar{\boldsymbol{x}}_0$ 为初始空间位置;$\boldsymbol{u}_s$ 为初始位移;$\boldsymbol{N}_0^{\text{int}}$ 为初始内力;$\boldsymbol{v}_0$ 为初始速度。

从初始条件出发,在每一时间步内可由上述积分递推公式计算下一时间步的加速度、速度和位移。整个显式积分流程图如图 2.3 所示。

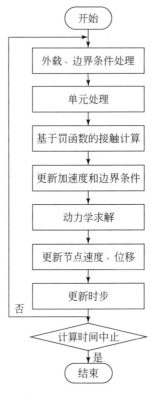

图 2.3　显式积分流程

2.3.2　显式算法时步控制

隐式算法是无条件稳定的与计算时间步长无关,而显式算法要保持稳定,时间步长必须细分成网格中的最短自然周期。典型的显式算法时间步长远小于隐式算法。应用显式中心差分法直接积分求解结构地震响应问题,需要特别关注的是时间步长的选取。显式中心差分法采用变时间步长增量求解,每一时刻的时间步长由当前构形的稳定性条件控制。先计算所有单元的临界时间步长 $\Delta t_i, i = 1, 2, \cdots, N, N$ 为单元总数。则下一时刻计算时间步长 Δt^{n+1} 取所有单元的最小临界时间步长,即

$$\Delta t^{n+1} = \alpha \min\{\Delta t_1, \Delta t_2, \Delta t_3, \cdots, \Delta t_N\} \tag{2.37}$$

式中,α 为比例系数,一般取 0.9。对于变形较大的问题,考虑稳定性可取更小值。

在程序实现上,各种类型单元的临界步长取决于当前构形下单元的特征长度、单元材料属性和单元类型。不同类型单元临界步长可以统一表述为如下格式,即

$$\Delta t = \frac{l}{c} \tag{2.38}$$

式中,l 为单元特征长度;c 为单元材料波速。

对于不同的单元类型单元特征长度和波速有一定区别。

(1)梁单元或杆单元。

$$c = \sqrt{\frac{E}{\rho}} \tag{2.39}$$

式中,E 为单元材料弹性模量;ρ 为单元材料密度。

(2)壳单元。

$$l = \begin{cases} \dfrac{A}{\max(L_1, L_2, L_3, L_4,)}, & \text{四边形单元} \\[3mm] \dfrac{2A}{\max(L_1, L_2, L_3)}, & \text{三边形单元} \end{cases} \tag{2.40}$$

式中,A 为单元面积;l_n 为单元边长。

$$c = \sqrt{\frac{E}{\rho(1-\nu^2)}} \tag{2.41}$$

式中,E 为单元材料弹性模量;ν 为单元材料泊松比;ρ 为单元材料密度。

(3)体单元。

$$l_s = \begin{cases} \dfrac{V}{\max\{A_i\}}, & \text{8 节点单元} \\[3mm] \min\{L_i\}, & \text{4 节点单元} \end{cases} \tag{2.42}$$

式中,V 为单元体积;A_i 为单元每个面的面积;L_i 为单元的最小高度。

$$c = \sqrt{\frac{E(1-\mu)}{(1+\mu)(1-\mu)\rho}} \tag{2.43}$$

式中,E 为单元材料弹性模量;ρ 为单元材料密度。

2.3.3　显式算法沙漏控制

采用单点(缩减)高斯积分[122]的单元进行非线性动力分析可以极大地节省计算时间,也有利于大变形分析。但是单点积分可能引起零能模式,或称沙漏模式。沙漏是一种比结构全局响应高得多的频率振荡的零能模式,是单元刚度矩阵中秩不足导致的,而这些又是由于积分点不足导致的。沙漏模式是一种在数学上是稳定的,但在物理上无法实现的状态。它们通常没有刚度,没有呈现锯齿形网格,单点实体单元的沙漏模式如图 2.4 所示。

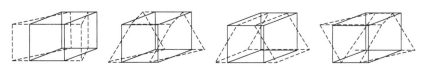

图 2.4　沙漏模式形态

在分析中沙漏边形的出现使结果无效,所以应尽量减小和避免。如果总体沙漏能超过模型总内能的 10%,那么分析可能是无效的,有时候甚至 5% 的沙漏能也是不允许的,所以必须对沙漏进行控制。图 2.5 为实体单元沙漏模态。

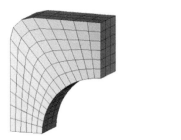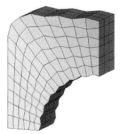

图 2.5　实体单元沙漏模态

目前常用的沙漏控制算法大致可归纳为黏性阻尼算法和弹性刚度算法,这两种算法分别通过引入沙漏变形方向上的阻尼约束力和刚度约束力来控制沙漏变形。在计算中,采用黏性阻尼算法:在体单元节点 k 处,沿 x_i 轴方向引入一个与沙漏模态变形方向相反的沙漏黏性阻尼力:

$$f_{ik} - \alpha_k \sum_{j=1}^{4} h_{ij} \Gamma_{jk}, \quad i = 1,2,3, \quad k = 1,2,\cdots,8 \tag{2.44}$$

式中,$h_{ij} = \sum_{k=1}^{8} \dot{x}_i^k \Gamma_{jk}$ 为沙漏模态的模;$\alpha_k = \dfrac{Q_{hg} \rho V_e^{2/3} c}{4}$;$V_e$ 为单元体积;ρ 为质量密度;c 为材料声速;Q_{hg} 为人工沙漏控制系数。

将各节点的沙漏黏性阻尼力组装成总体沙漏黏性阻尼力阵,则系统的运动微分方程改写成

$$\boldsymbol{M}\ddot{\boldsymbol{X}} + \boldsymbol{C}\dot{\boldsymbol{X}} + \boldsymbol{N}^{\text{int}} = \boldsymbol{N}^{\text{ext}} + \boldsymbol{H} \tag{2.45}$$

由于沙漏模态与实际变形的其他基矢量正交,沙漏模态在运算中不断受到控制。沙漏黏性阻尼力作的功在总能量中可以忽略,该方法计算简单,耗费时间极少。

2.4　结构地震响应并行计算理论

2.4.1　并行计算机体系结构

并行计算可分为时间上的并行和空间上的并行。时间上的并行就是指流水线技术,而空间上的并行则是指用多个处理器并发的执行计算,通常所说的并行计算主要指空间上的并行问题,并且已成为提高计算和处理性能的关键技术之一。目前各种超级计算机的高速处理能力基本上都是利用并行体系结构实现的。根据指令流和数据流的不同,通常把计算机系统分为四类:单指令流单数据流(single-instruction single-data,SISD)、单指令流多数据流(single-instruction multi-data,SIMD)、多指令流单数据流(multi-instruction single-data,MISD)和多指令流多数据流(multi-instruction multi-data,MIMD)。

当前流行的高性能并行机体系结构分为四类[123~125]:对称多处理共享存储并行机(symmetric multi-processing,SMP)、分布共享存储并行机(distributed shared memory,DSM)、

大规模并行计算机(massively parallel processing,MPP)和机群(cluster)。SMP 体系结构如图 2.6 所示,该系统由一定数量并行运行的微处理器组成,每个微处理器可以单独访问共享内存模块和共享 I/O 模块连接的 I/O 设备,且访问效率相同,体现了不同处理器之间的"对称"和"等价"地位。SMP 结构体系中单个处理器设置有局部缓存,因此可以存储独立的局部数据,但是这些数据必须保持与存储器中数据一致。SMP 结构体系中操作系统可在任意处理器上运行。SMP 体系的代表机型有 IBM R50、曙光一号等。

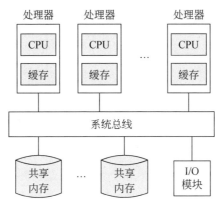

图 2.6　SMP 体系结构示意图

　　SMP 体系虽然兼容性好,但扩展性较差,DSM 体系则较好地改善了 SMP 体系的可扩展性能。DSM 体系如图 2.7 所示,该系统由一系列的并行处理节点组成,单个节点具有单个或多个处理器和内存模块,可看作相对完整的计算单元。各个节点通过高带宽网络连接,系统由单一操作系统管理,避免了 SMP 体系访存总线带宽瓶颈,增强了可扩展能力。DSM 体系所有节点的内存由系统统一管理并统一编址,可分配给所有用户。但与 SMP 体系不同的是,DSM 体系对内存的共享是非对称的,即单个节点访问自身内存和其他节点内存的效率是不同的。DSM 体系的代表机型有银河三号和神威一号等。

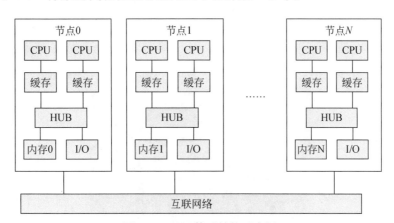

图 2.7　DSM 体系结构示意图

　　MPP 体系结构如图 2.8 所示,该体系由大量的计算节点组成,单个计算节点拥有相对独立的内存模块和操作系统,并且配置有一个或多个处理器。独立节点内多个 CPU 通过局部总线或局部网络连接,各个节点之间通过高带宽体系网络连接。MPP 系统具有高运算峰值、分布式内存和易扩展等优点。MPP 系统的代表机型主要有 IBM SP2、曙光 1000 等。

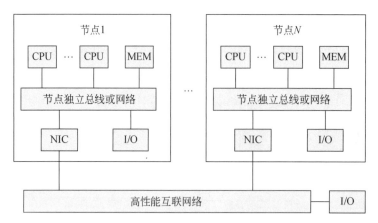

图 2.8　MPP 体系结构示意图

　　随着芯片技术和网络技术的发展,超级计算机体系结构开始迈入工作站机群(cluster of workstations,COW)时代。2000 年以后,又出现了节点采用商用级处理器的机群系统,以及采用 SMP 并行机作为计算节点的 SMP 机群或星群(constellation)。机群系统中单个节点可看作相对完整的计算机,且具有相对完整的操作系统。各个节点之间通过高带宽网络连接,网络接口和 I/O 总线松耦合连接。机群系统的内存访问方式与 MPP 体系相同,具有很好的扩展性。机群系统的代表机型有深腾 1800/6800 和曙光 2000/3000 等。

2.4.2　曙光 5000A 高性能计算机

　　上海超级计算中心为本书的研究工作提供了计算平台曙光 5000A 超级计算机[126,127]。曙光 5000A 是我国首台百万亿次超级计算机,采用新型"超并行"体系结构(hyper parallel processing,HPP),是中国自主知识产权产品,具有高性能、高效率、高密度、高性价比、低功耗以及广泛适用等特点。适用于各个领域的大规模科学工程计算、商务计算,还可以作为各种数据中心、云计算中心的支撑平台。图 2.9 为曙光 5000A 超级计算机。

图 2.9　曙光 5000A 超级计算机

曙光 5000A 超级计算机采用最新的四核 AMD Barcelona（主频 1.9GHz）处理器,采用基于刀片架构的 HPP 体系架构,共有 30720 颗计算核心,122.88TB 内存,700TB 数据存储能力,采用低延迟的 20GB 网络互联。其设计浮点运算速度峰值为 230 万亿次/s,Linpack 测试速度预测将达到 160T,效率大于 70%,延迟小于 $1.3\mu s$ 的 Infiniband 高速网络进行互联,采用了 WCCS ＋ SuSe Linux 双操作系统,整个多网合一的体系结构如图 2.10 所示。

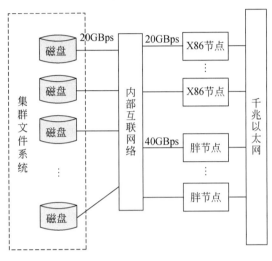

图 2.10 曙光 5000A 体系结构图

2.4.3 有限元的区域分解方法

常用的有限元并行数值算法为区域分解法,又称为区域分割法,它是一种粗粒度的并行分区算法,适用于分布式存储并行机及集群系统。该方法的原理是把整体有限元模型按照一定分割规则分解为多个子区域,然后将各子区域分配给不同的处理器进行单独计算,处理器间通过交互机制进行数据交换,最后将结果汇总得到完整解,图 2.11 为区域分解法示意图。理论分析和实际计算都已表明区域分解法能够为大规模问题提供高度并行的、可扩展的健壮算法。

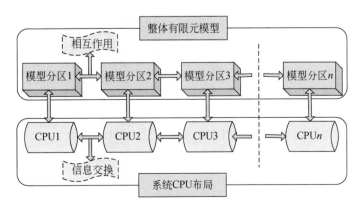

图 2.11 区域分解法示意图

区域分解的目的是尽可能提高计算效率,为分析并行计算的时间,不妨设计算区域 Ω 被分割成 M 个子区域,记 $S=\{\Omega_1,\Omega_2,\cdots,\Omega_M\}$,动力学计算共需 N 个时步,则总计算时间

$$t = t_s + \sum_{n=1}^{N} t_n = t_s + \sum_{n=1}^{N} (\max_{\Omega_i \in S}\{t_{cp}^{\Omega_i} + t_{cm}^{\Omega_i}\}|_n) \tag{2.46}$$

式中,t_s 是模型初始化耗时,包括读取模型信息,进行区域分解和分配等的耗时;$t_{cp}^{\Omega_i}$、$t_{cm}^{\Omega_i}$ 分别是区域 Ω_i 的计算耗时和通信耗时;t_n 是时步 n 的耗时。

分区算法直接关系到总体计算时间,分区质量评价主要通过三个指标判断:①算法耗时,即完成区域分解的时间要尽量少;②负载均衡,即各子区域的自由度数尽量接近,使各处理器的计算时间基本相同;③通信成本,即各子区域的公共边界尽量少,处理器间的通信量尽量小。

目前的分区方法可大致分为几何方法和拓扑方法两类[128,129]。几何方法(geometric method)根据模型的几何坐标进行分区,不考虑单元间的连接问题,主要有:递归二分法(recursive coordinate bisection,RCB)和空间填充曲线法(space-filling curves,SFC)。拓扑方法(topological method)根据模型的拓扑连接关系进行分区,不需要模型的空间坐标信息,主要有:图方法(graph-based partitioning)[包括贪婪算法(greedy algorithm)、递归谱算法(recursive spectral bisection algorithm,RSB)、多层次图方法(multilevel graph partitioning)等]和超图方法(hypergraph-based partitioning)。

RCB 是最常用的分区方法,其基本原理为只考虑模型的几何信息,沿垂直于模型最长坐标方向将模型一分为二,将分区相邻边界的节点复制,分配到对应区域中;依次将模型分割直到满足分割收敛条件,算法停止分割并输出模型分区结果。

图 2.12 为二分区域的划分及节点映射示意图,括号外为全局节点编号,括号内为分区内局部节点编号,该分区方法通过公共点的复制使得各分区的信息通信只需交流公共点的向量,大大节省了通信时间,同时保证了各个分区的单元数量大致相等。但该方法仅考虑了有限元模型的几何信息,而未考虑不同模型的载荷及计算类型特点。

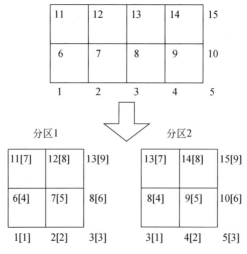

图 2.12　二分区域的划分及节点映射示意图

2.4.4　负载均衡的分区方法

RCB 法操作简单、概念清晰、分区快速,因此在工程上得到了广泛的应用。但是该分区方法只考虑模型的几何特征,虽然能将模型分割为单元数量相近的分区,却忽视了模型整体的计算特征和外载情况,很难保证各分区负载均衡,从而使单个 CPU 的处理机时大致相等,以保证整体计算时间最少。土体-结构耦合系统中,土体和结构之间的动态相互作用往往需要耗费大量的机时,而土体和结构耦合作用界面往往集中在系统的局部位置。采用 RCB 分区方法只考虑模型的几何特征,必将导致将土体和结构耦合区域集中到个别分区中,从而出现单个 CPU 负载过大,而其他 CPU 负载过小的情况。因此,采用 RCB 分区方法对土体-结构耦合系统进行分区将严重影响并行计算效率。

针对 RCB 分区方法的不足,本书根据土体-结构耦合系统特点,结合上海超算中心曙光 5000A 超级计算机,在 RCB 分区方法的基础上,采用 C 语言和 MPI 消息传递接口设计了土体-结构耦合均衡(soil-structure interaction balanced, SSIB)的分区方法。该方法考虑了土体-结构耦合计算的特点,在分区时首先读入有限元模型,并确认可能参与土体-结构耦合计算的节点,然后根据空间拓扑关系,按采用处理器的数目将搜索到的节点基本均分,并划定区域边界;复制区域边界的节点,分配到对应的区域;最后将模型中未参与耦合与接触的节点按照几何坐标分配到对应子区域中,最后输出分区结果。整个并行计算流程如图 2.13 所示。

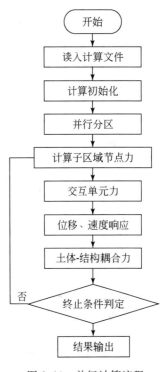

图 2.13　并行计算流程

2.5　结构地震响应并行计算分析

对于分区方法的性能,通常采用加速比与并行效率两个指标进行评价[130],可描述为

$$S_p = \frac{t_s}{t_p} \tag{2.47}$$

$$E_p = \frac{S_p}{p} \times 100\% \tag{2.48}$$

式中,p 为参与并行计算的 CPU 个数;t_s 是单个 CPU 的执行时间;t_p 是多个 CPU 的计算时间,主要包括各个处理器的计算开销和处理器间的通信开销。

本书为了验证 SSIB 分区方法的可行性和并行效率,将 SSIB 分区方法应用到三个工程实例:土体-建筑结构耦合系统、土体-桥梁结构耦合系统和土体-隧道结构耦合系统。依托上海超算中心曙光 5000A 超级计算机进行了地震响应并行计算,并对三个工程实例不同分区方法的并行计算效率和加速比进行了对比分析。

2.5.1　土体-建筑结构耦合系统并行计算

上海某大厦工程,建筑总高 632m,共有 126 层。建筑由主体结构和外部幕墙结构组成。整个建筑总面积约 38 万 m²,地下室面积约 14 万 m²。建筑主体结构采用"巨型框架-核心筒-伸臂桁架"结构体系。外部幕墙为悬挂式结构,其平面投影近似为尖角削圆的等边三角形,从建筑底部扭转缩小直到顶部。大厦采用桩筏结构作为地基,主楼圆形基坑直径 121m,面积 11500m²,开挖深度 31m,围护形式采用环行地下连续墙,地下连续墙厚 1.2m,成槽深度50m。并且采用钻孔灌注桩作为承重桩基,主楼桩总数 955 根,桩径为 1m。以该工程为例,建立了土体-超高层建筑结构耦合系统的大型三维非线性模型,其中,土体-结构耦合边界主要集中在连续墙位置的环行区域内。整体有限元模型单元数 1088390,节点数 1195272。如图 2.14 所示,为土体-超高层建筑结构耦合系统的数值模型。

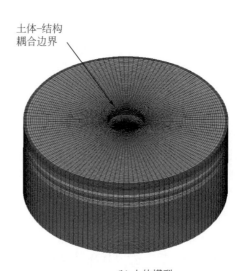

土体-结构
耦合边界

(a) 超高层建筑模型　　　　　　　　　　　(b) 土体模型

图 2.14　土体-超高层建筑耦合系统数值模型

分别采用递归二分法和土体-结构耦合均衡分区法对模型进行分区,并分别通过 1、4、8、16 个 CPU 进行计算。图 2.15 为两种分区方法的 8 分区拓扑结构图,采用递归二分法时,由于建筑结构在高度方向尺寸较大,因此分区按照高度方向分割,由此得到了 3 个土体分区和5 个建筑分区,此分区方法明显没有考虑土体-结构耦合的均匀分割,从而导致各分区计算负载不均衡并且影响计算效率。采用土体-结构耦合均衡分区方法时,形成了 8 个对称的扇形分区,在各分区单元数量基本相同的基础上,土体-结构耦合负载也进行了均分,使得各分区计算负载更加均衡。

不同 CPU 个数下,两种分区方法的耗时、加速比和并行效率的比较如表 2.1 所示。由表可知,在相同 CPU 个数时,土体-结构耦合均衡分区方法比递归二分法的耗时要少,加速比与并行效率要高,在计算土体-结构耦合系统动力响应问题时可以提高计算效率。随

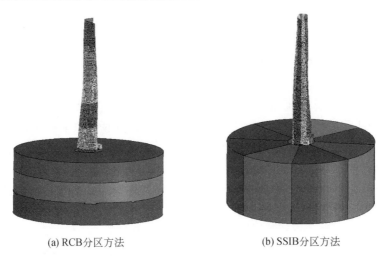

(a) RCB分区方法　　　　　　　　(b) SSIB分区方法

图 2.15　土体-建筑耦合系统两种分区方法 8 个分区的结果

CPU 数目的增多,两种分区方法的计算时间都会大幅减少,并行效率也都有所下降,这是由于模型被分到更多子区域中增加了公共边界,使得各处理器间的通信量增大而影响并行效率。

表 2.1　土体-建筑结构耦合系统并行计算结果

CPU 数	递归坐标二分法			动态耦合均衡法		
	耗时 t/s	加速比	并行效率/%	耗时 t/s	加速比	并行效率/%
1	659036	1.00	100	659036	1.00	100
4	181765	3.63	90.75	174348	3.78	94.5
8	106812	6.17	77.13	93480	7.05	88.13
16	57861	11.39	71.19	49965	13.19	82.44

图 2.16 给出了两种分区方法下加速比与理想加速比的对比,随着参与计算的 CPU 数目增多,两种分区方法的加速比逐渐增大,两者的差距及它们与理想加速比的差距都逐渐增大,但由于土体-结构耦合均衡分区方法考虑了土体-结构耦合分析的计算特点,使得其各个分区的负载更加均衡,因此加速比更趋近于理想加速比。

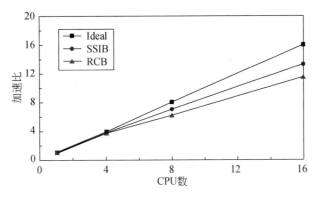

图 2.16　两种分区方法加速比与理想加速比的对比

2.5.2　土体-桥梁结构耦合系统并行计算

上海某桥梁工程,是公路和轻轨上下叠合桥梁。上层为公路双向四车道,桥面宽 18m,为四快二慢六车道,下层为轨道交通(莘闵线),双向二车道,宽 9m,该桥离水面净高度为 30m。其不仅是一座公路和轻轨双叠合桥,而且是一座漂亮的斜拉索桥,为了造型的美观和通航的方便,大桥全长 4.80km,主桥桥墩设于江中,主桥长 436m,主跨长 251m。以该工程为例,建立了土体-桥梁结构耦合系统的大型三维非线性模型,其中土体-结构耦合边界主要集中在主塔和桥墩底基位置。整体有限元模型单元数 1736160,节点数 1719320。图 2.17 为土体-桥梁结构耦合系统的数值模型。

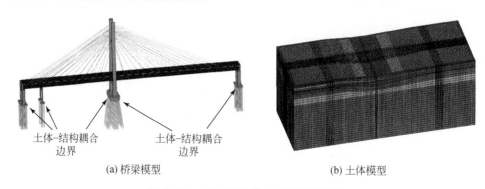

(a) 桥梁模型　　　　　　　　　　　　　　(b) 土体模型

图 2.17　土体-桥梁耦合系统数值模型

分别采用递归二分法和土体-结构耦合均衡分区法对模型进行分区,并分别通过 1、4、8、16 个 CPU 进行计算。图 2.18 为两种分区方法的 8 分区拓扑结构图,采用递归二分法时,没有考虑到土体-结构耦合的均匀分割,从而导致土体-结构耦合集中在 3 个分区中,各分区计算负载不均衡并且影响计算效率。采用土体-结构耦合均衡分区方法时,土体-结构耦合负载均分给每个分区,由于桥梁结构单元数较多,因此中间分区成细窄形。各分区单元数量基本相同的基础上,土体-结构耦合负载也进行了均分,使得各分区计算负载更加均衡。

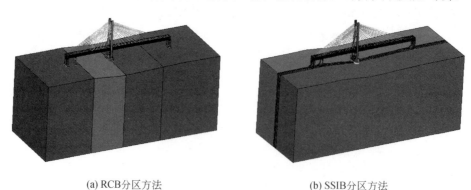

(a) RCB分区方法　　　　　　　　　　　　(b) SSIB分区方法

图 2.18　土体-桥梁耦合系统两种分区方法 8 个分区的结果

不同 CPU 个数下,两种分区方法的耗时、加速比和并行效率的比较如表 2.2 所示。由表可知,在相同 CPU 个数时,土体-结构耦合均衡分区方法比递归二分法的耗时要少,加速比与并行效率要高,在计算土体-结构耦合系统动力响应问题时可以提高计算效率。随 CPU 数目的增多,两种分区方法的计算时间都会大幅减少,并行效率也都有所下降,这是由 于模型被分到更多子区域中增加了公共边界,使得各处理器间的通信量增大而影响并行 效率。

表 2.2　土体-桥梁结构耦合系统并行计算结果

CPU 数	递归坐标二分法			动态耦合均衡法		
	耗时 t/s	加速比	并行效率/%	耗时 t/s	加速比	并行效率/%
1	469819	1.00	100	469819	1.00	100
4	130869	3.59	89.75	128366	3.66	91.5
8	74456	6.31	78.88	67795	6.93	86.63
16	38989	12.05	75.31	37052	12.68	79.25

图 2.19 给出了两种分区方法下加速比与理想加速比的对比,随着参与计算的 CPU 数 目增多,两种分区方法的加速比逐渐增大,两者的差距及它们与理想加速比的差距都逐渐增 大,但由于土体-结构耦合均衡分区方法考虑了土体-结构耦合分析的计算特点,使得其各个 分区的负载更加均衡,因此加速比更趋近于理想加速比。

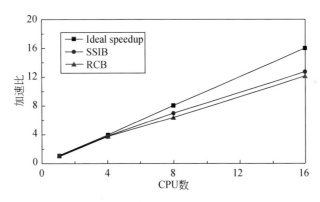

图 2.19　两种分区方法加速比与理想加速比的对比

2.5.3　土体-隧道结构耦合系统并行计算

图 2.20 为土体-桥梁结构耦合系统的数值模型。上海某隧道工程,起于浦东新区的五 号沟,终于长兴岛西南方,全长 8.95km,穿越水域部分达 7.5km。隧道整体断面设计为双管 隧道,两单管间净距约为 16m,沿其纵向每隔 830m 左右设一条横向人行联络通道。单管隧 道内径 13.70m,外径 15.0m,是世界上直径最大的盾构隧道。单管隧道内部结构分上、下两 层:上层为单向三车道高速公路,下层为轨道交通线路。以该工程为例,建立了土体-隧道结 构耦合系统的大型三维非线性模型,其中土体-结构耦合边界沿隧道外边界均匀分布于整个 模型。整体有限元模型单元数 2003308,节点数 2495937。

分别采用递归二分法和土体-结构耦合均衡分区法对模型进行分区,并分别通过 1、4、8、

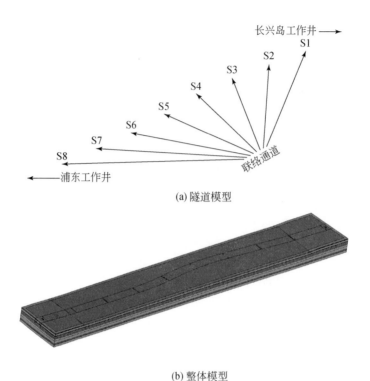

(a) 隧道模型

(b) 整体模型

图 2.20　土体-隧道耦合系统数值模型

16 个 CPU 进行计算。图 2.21 为两种分区方法的 8 分区拓扑结构图,采用递归二分法时,没有考虑到土体-结构耦合的均匀分割,从而导致各分区计算负载不均衡并且影响计算效率。采用土体-结构耦合均衡分区方法时,土体-结构耦合负载均分给每个分区,土体-结构耦合负载也进行了均分,使得各分区计算负载更加均衡。

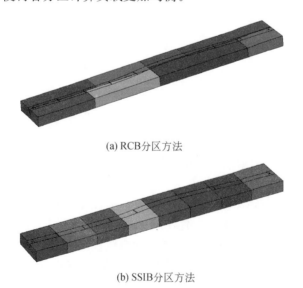

(a) RCB分区方法

(b) SSIB分区方法

图 2.21　土体-隧道耦合系统两种分区方法 8 个分区的结果

不同 CPU 个数下,两种分区方法的耗时、加速比和并行效率的比较如表 2.3 所示。由表可知,在相同 CPU 个数时,土体-结构耦合均衡分区方法比递归二分法的耗时要少,加速比与并行效率要高,在计算土体-结构耦合系统动力响应问题时可以提高计算效率。随 CPU 数目的增多,两种分区方法的计算时间都会大幅减少,并行效率也都有所下降,这是由于模型被分到更多子区域中增加了公共边界,使得各处理器间的通信量增大而影响并行效率。

表 2.3　土体-隧道结构耦合系统并行计算结果

CPU 数	递归坐标二分法			动态耦合均衡法		
	耗时 t/s	加速比	并行效率/%	耗时 t/s	加速比	并行效率/%
1	555672	1.00	100	555672	1.00	100
4	163915	3.39	84.75	145846	3.81	95.25
8	88483	6.28	78.5	77608	7.16	89.5
16	48196	11.53	72.06	42548	13.06	75.38

图 2.22 给出了两种分区方法下加速比与理想加速比的对比,随着参与计算的 CPU 数目增多,两种分区方法的加速比逐渐增大,两者的差距及它们与理想加速比的差距都逐渐增大,但由于土体-结构耦合均衡分区方法考虑了土体-结构耦合分析的计算特点,使得其各个分区的负载更加均衡,因此加速比更趋近于理想加速比。

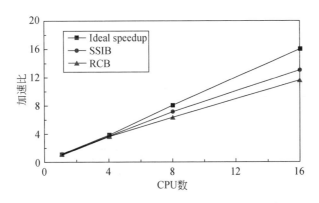

图 2.22　两种分区方法加速比与理想加速比的对比

2.6　本 章 小 结

本章针对大规模土体-复杂结构耦合系统地震响应数值模拟问题,提出了实现该问题数值计算的高性能计算方法。大规模土体-复杂结构耦合系统,不仅单元规模巨大,而且包含了几何非线性、材料非线性和接触非线性等高度非线性问题。对于此类结构的动力学响应分析,可以采用显式并行计算方法提高计算效率。显式有限元计算方法,运动方程是非耦合的,不需要进行迭代求解,不需组集总体刚度矩阵,采用集中质量矩阵和单点积分,可以大大节省存储空间和求解机时,并且在材料模型、接触算法、并行计算方面也有优势。复杂结构地震响应分析,由于涉及大变形问题,属于几何非线性行为,本书采用更新 Lagrangian 格式进行几何非线性数值求解。

　　根据土体-结构耦合作用特点,其在数值计算中占用大量的资源,因此采用并行计算技术进行计算时,合理进行区域分割才能保证并行计算效率。常规递归二分法能保证各个分区单元数量相当,但不能均分模型中存在的土体-结构耦合计算,使得各处理器间计算负载不均衡而影响并行计算效率。因此,本书根据并行计算环境曙光 5000A 超级计算机的体系结构特点及土体-结构耦合系统的计算特点,在递归二分法的基础上,进一步提出并实现了土体-结构耦合均衡分区方法。

　　依托超高层建筑抗震分析、桥梁抗震分析和隧道抗震分析 3 个工程应用实例,对本书提出的土体-结构耦合均衡分区方法进行了验证,并与递归二分法进行了比较。从加速比和并行效率可知,土体-结构耦合均衡分区方法保证了各分区土体-结构耦合负载均衡,而且使各分区单元数量大致相当,因此具有更高的加速比和并行效率。本章的研究对于大型工程抗震分析的数值模拟高效计算具有重要指导意义。

第3章　地震响应并行计算的拟实建模方法

3.1　引　　言

地震响应数值模拟要建立可靠的数值模型。该数值模型所解决的问题包括土体-结构动力耦合作用问题、土体的分层建模和单元尺寸控制问题以及半无限土体边界问题。以往由于受到多种因素影响，必须对数值模型进行大量简化，才能满足计算要求。目前，由于计算机硬件和数值计算方法的发展，已经可以满足大规模复杂结构数值模拟。因此，有必要对土体-结构耦合系统中的多种因素进行集成，采用详细的有限元模型进行地震响应数值分析，从而得到更精确的数值计算结果。

土体-结构之间的动态耦合作用是土体-结构耦合系统中最重要的部分，研究表明，土体-结构耦合作用实际可认为是一种动态接触关系，准确建立土体-结构之间的动态耦合作用模型，是进行土体-结构耦合系统地震响应分析的一个重要前提。目前，有限元方法是处理动态接触关系的重要工具之一。根据地质条件土体是分层存在的，为了能真实模拟土体分层状况，有必要考虑合理的土体分层建模方法。土体模型的单元尺寸既要满足现有计算条件的承受能力，同时又要考虑地震波在土体中的传播问题，因此必须考虑土体单元的尺寸控制。涉及土体的动力响应分析，需要在半无限地基的边界建立正确的人工边界，因此选取一种合理的人工边界是无限区域动力响应分析的基础。

本章提出了一套针对地震响应数值模型的建模方法，首先介绍了土体-结构的力学建模方法，土体-结构之间的接触行为通过建立土体与结构之间的接触对组成。通过基于分段的bucket 分类搜索和双向对称接触方式实现土体和结构之间的接触作用。动态接触模型既可模拟土体-结构之间相互挤压、摩擦还可以模拟大变形情况下土体-结构的脱离。随后介绍了弹塑性分层土体的建模方法和土体单元尺寸控制问题。最后引入黏弹性人工边界作为半无限土体的边界条件，并进行验证。

3.2　地震响应分析系统的力学建模方法

3.2.1　土体-结构耦合作用的力学模型

土体与其上或其中的结构是一个共同作用的整体，在荷载作用下，其界面处的应力和应变有其特定的力学关系，这种力学关系即耦合作用。耦合作用的实质就是由于土体与建筑物基础的材料特性存在差异（主要是弹性模量），从而它们的变形能力不同，因此在接触面上产生了耦合作用力，进而产生了土与基础的耦合作用，形成土与结构的耦合作用（soil-structure interaction，SSI)。

目前的研究采用多种简化作用模型对土体-结构耦合作用进行分析，可以分析土体-结构间的挤压、滑移等现象，但是多数研究方法忽略了土体-结构间的相互脱离[131,132]。采用有限元整体分析方法，通过在土体-结构交界面建立合适的接触模型，可以有效模拟土体-结构的挤压、滑移、脱离等现象，而且真实土体结构和本构模型的应用，能够较好反映土体-结构耦合作用的状态，其计算结果相对于简化模型也更可信。本书将土体-结构间的耦合作用归纳为一种接触行为，即法向允许脱离，但不能嵌入，切向为摩擦作用。当发生接触时，垂直于接触界面方向的速度瞬时不连续；当出现黏性滑移行为时，沿接触界面切向方向的速度也是不连续的。接触问题是一种强非线性问题，给离散方程的时间积分带来明显的困难，因此选择合适的接触模型是数值计算成功的基础。

如图3.1所示，建立土体-结构耦合作用接触模型时，土体-结构间的接触行为通过建立土体与结构间的多个接触对实现，并通过动态搜索接触对表面上相互对应的主、从耦合点建立。土体-结构间的接触由从接触面与主接触面组成，结构面作为从接触面，土体面作为主接触面，采用对称罚函数方法[133~135]。

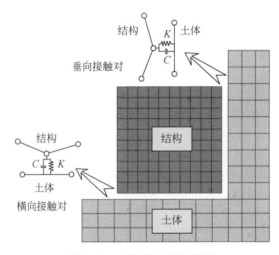

图3.1　土体-结构接触模型

将结构上的节点作为从耦合点，并在土体表面搜索相应位置的主耦合点，建立弹簧阻尼系统，并计算耦合接触力：

$$\boldsymbol{F}_s = -\boldsymbol{F}_c = k\boldsymbol{d} + C_{\text{int}}\dot{\boldsymbol{d}} \tag{3.1}$$

式中，$\boldsymbol{F}_c$ 表示结构面上的接触力；$\boldsymbol{F}_s$ 表示土体上的接触力；k 表示弹簧刚度；C_{int} 表示阻尼系数；$\dot{\boldsymbol{d}}$ 表示接触面穿透矢量，其显式更新格式如下：

$$\boldsymbol{d}_{n+1} = \boldsymbol{d}_n + (\boldsymbol{v}_{n+1/2}^c - \boldsymbol{v}_{n+1/2}^s)\Delta t_{n+1/2} \tag{3.2}$$

式中，$\boldsymbol{v}_{n+1/2}^c$ 和 $\boldsymbol{v}_{n+1/2}^s$ 分别表示为结构面上的从耦合点速度与土体接触面上的主耦合点速度。

土体-结构接触刚度计算如下：

$$k = p_k \frac{KA^2}{V} \tag{3.3}$$

式中，K 表示从耦合点所在位置的体积模量；A 表示从耦合点所在位置的平均接触面积；V

表示包含从耦合点的网格体积；p_k 为接触刚度缩放系数。

考虑到接触算法稳定性，该缩放系数一般需要满足式(3.4)：

$$0 \leqslant p_k \leqslant 1 \tag{3.4}$$

在土体-结构耦合的三维数值模拟中，综合考虑穿透控制及算法稳定性，取 $p_k = 0.5$。除了考虑法向接触外，引入了库仑摩擦定律来模拟切向摩擦力，并设动摩擦系数 $\mu = 0.5$。

通过在土体与结构的耦合接触过程中引入阻尼器后，其主从耦合对接触过程等效示意如图 3.2 所示。

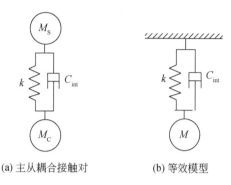

(a) 主从耦合接触对　　　　(b) 等效模型

图 3.2　基于罚函数法的耦合接触示意图

图 3.2(a)为主从耦合对的独立简化模型，其中 M_C 为结构节点质量；M_S 为土体耦合点处质量，其与所处土体网格单元节点质量有关，其计算如下：

$$M_S = \sum_{i=1}^{8} N_i M_S^i \tag{3.5}$$

式中，N_i 与 M_S^i 分别为土体网格节点 i 处形函数与该节点质量。

图 3.2(b)为等效耦合对接触模型，其中 M 为等效质量，由式(3.6)得到

$$M = \frac{M_C M_S}{M_C + M_S} \tag{3.6}$$

该等效模型的平衡方程可以表述为

$$M \frac{\mathrm{d}^2}{\mathrm{d}t^2} d + C_{int} \frac{\mathrm{d}}{\mathrm{d}t} d + kd = 0 \tag{3.7}$$

$$C_{int} = \xi \sqrt{kM} \tag{3.8}$$

$$\omega = \sqrt{kM} \tag{3.9}$$

式中，d 表示耦合对穿透量(弹簧变形量)。

由式(3.7)~式(3.9)得

$$\frac{\mathrm{d}^2}{\mathrm{d}t^2} d + \xi \omega \frac{\mathrm{d}}{\mathrm{d}t} d + \omega^2 d = 0 \tag{3.10}$$

当 $\xi = 2$ 时，该阻尼即为临界阻尼状态。

在土体与结构的耦合接触过程中，伴随着主从耦合点不断接触与分开的过程，有可能在单一时间步内，主从耦合点的接触与分开同时进行，当接触力非常大时，将会导致数值计算的不稳定性。为保持耦合接触算法的稳定性，通过将接触力最大值进行限制，其计算按式(3.11)：

$$F \leqslant \frac{M_C M |v^c - v^s|}{\Delta t (M_C + M_S)} \tag{3.11}$$

式中,F 为耦合接触力;$v^{c}-v^{s}$ 为主从耦合点之间的相对速度;Δt 为当前时间步。

　　土体-结构耦合作用的接触搜索方法采用基于段的 bucket 分类搜索方式[136]实现,其原理是对于每个从节点,搜索最近的主段,首先把接触空间划分成很多小的 bucket,对于每个从节点,按照它的空间位置指定于某个 bucket 中,然后在该范围内搜索最近的主段,运行一定的时间后,根据该节点空间位置的变化再重新指定新的 bucket。如图 3.3(a)所示,以一维 bucket 分类为例,图中的黑点代表接触段的质心点(通过该质心点定位主段),对于落入某 bucket 的从节点而言,搜索该 bucket 中的段,找到最近的主段,若没有找到,再搜索附近的 bucket,直到找到最近的主段。这种方式由于不断更新 bucket 分段,因此需要耗费较多的 CPU 计算时间。同理,在二维和三维 bucket 分类搜索方式下搜索最近的主段,如图 3.3(b)和(c)所示。

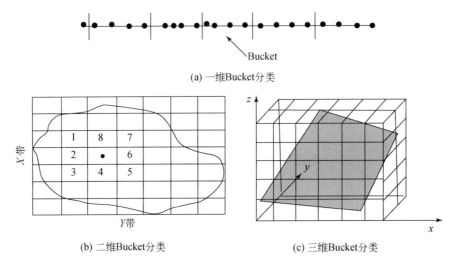

(a) 一维Bucket分类

(b) 二维Bucket分类　　　　　　　　(c) 三维Bucket分类

图 3.3　基于段的 Bucket 分类搜索方法

3.2.2　土体-结构耦合作用的数值计算

　　土体-结构耦合作用问题最为关键的是处理好土体-结构界面的接触和相对滑动。接触问题是一类非线性问题,但又有别于材料非线性和几何非线性,属于边界条件非线性问题。在接触问题中边界条件不是在计算开始就可给出,它们是计算结果,两接触体之间接触面的面积与压力分布随外载荷变化而变化并与接触体刚性有关。接触界面算法主要解决两个问题:①接触搜寻算法,这是因为物体间的接触涉及接触界面中接触点、面的变化,这个过程是个复杂的动态过程;②接触的计算方法,即接触面间力的传递。

　　接触算法可以分为基于接触力的方法和基于动量-冲量的方法。此处所采用的是基于接触力的罚函数法。罚函数法为近似方法,由于计算简单,并且与显式算法完全兼容,因此使用广泛。对称罚函数法是最常用的算法,目前 90% 的接触算法都采用对称罚函数法。其基本原理是:每一时步先检查各从节点是否穿透主表面,没有穿透则对该从节点不作任何处理。如果穿透,则在该从节点与被穿透主表面之间引入一个较大的界面接触力,其大小与穿透深度、主接触面刚度成正比,称为罚函数值。它的物理意义相当于在从节点和被穿透主表面之间放置一个法向弹簧,以限制从节点对主表面的穿透。对称罚函数法同时再对各主节点处理一遍,其算法与从节点一样。

1. 土体-结构耦合作用界面的有限元实现

对称罚函数方法的主要计算步骤如下:

(1)如图 3.4 所示,对任一从节点 n_S,搜索与它最靠近的主节点 m_S。

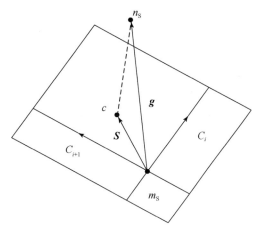

图 3.4　从节点与主面的接触

(2)检查与主节点 m_S 有关的所有主单元面,确定从节点 n_S 穿透主表面时可能接触的主单元表面。若主节点 m_S 与从节点 n_S 不重合,从节点 n_S 与主单元面 S_i 接触。

$$\begin{cases} (\boldsymbol{C}_i \times \boldsymbol{S})(\boldsymbol{C}_i \times \boldsymbol{C}_{i+1}) > 0 \\ (\boldsymbol{C}_i \times \boldsymbol{S})(\boldsymbol{S} \times \boldsymbol{C}_{i+1}) > 0 \end{cases} \tag{3.12}$$

式中,$\boldsymbol{C}_i$ 与 $\boldsymbol{C}_{i+1}$ 是主单元面上在 m_S 点的两条边矢量;矢量 $\boldsymbol{S}$ 是矢量 $\boldsymbol{g}$ 在主单元面上的投影;$\boldsymbol{g}$ 为主节点 m_S 指向从节点 n_S 的矢量。

$$\boldsymbol{S} = \boldsymbol{g} - (\boldsymbol{gm})\boldsymbol{m}, \quad \boldsymbol{m} = \frac{\boldsymbol{C}_i \boldsymbol{C}_{i+1}}{|\boldsymbol{C}_i \boldsymbol{C}_{i+1}|} \tag{3.13}$$

如果 n_S 接近或位于两个单元面交线上,式(3.12)可能不确定,此时,

$$|\boldsymbol{S}| = \max\left(\frac{\boldsymbol{gC}_i}{|\boldsymbol{C}_i|}\right), \quad i = 1, 2, \cdots \tag{3.14}$$

(3)确定从节点 n_S 在主单元面上的接触点 c 的位置。主单元面上任一点位置矢量可表示为

$$\boldsymbol{r} = f_1(\xi, \eta)\boldsymbol{i}_1 + f_2(\xi, \eta)\boldsymbol{i}_2 + f_3(\xi, \eta)\boldsymbol{i}_3 \tag{3.15}$$

其中,

$$f_i(\xi, \eta) = \sum_{j=1}^{4} \phi_j(\xi, \eta) x_i^j, \quad \phi_j(\xi, \eta) = \frac{1}{4}(1 + \xi_j \xi)(1 + \eta_j \eta)$$

式中,x_i^j 是单元第 j 节点的 x_i 坐标值;$\boldsymbol{i}_1$、$\boldsymbol{i}_2$、$\boldsymbol{i}_3$ 是 x_1、x_2、x_3 坐标轴的单位矢量。

接触点 $c(\xi_c, \eta_c)$ 位置为式(3.16)的解:

$$\begin{cases} \dfrac{\partial \boldsymbol{r}}{\partial \xi}(\xi_c, \eta_c)[\boldsymbol{t} - \boldsymbol{r}(\xi_c, \eta_c)] = 0 \\ \dfrac{\partial \boldsymbol{r}}{\partial \eta}(\xi_c, \eta_c)[\boldsymbol{t} - \boldsymbol{r}(\xi_c, \eta_c)] = 0 \end{cases} \tag{3.16}$$

（4）检查从节点是否穿透主面。

若 $l=\boldsymbol{n}_i[\boldsymbol{t}-\boldsymbol{r}(\xi_c,\eta_c)]<0$，则表示从节点 n_S 穿透含有接触点 $c(\xi_c,\eta_c)$ 的主单元面。其中，$\boldsymbol{n}_i$ 是接触点处主单元面的外法线单位矢量：

$$\boldsymbol{n}_i=\frac{\dfrac{\partial\boldsymbol{r}}{\partial\xi}(\xi_c,\eta_c)\times\dfrac{\partial\boldsymbol{r}}{\partial\eta}(\xi_c,\eta_c)}{\left|\dfrac{\partial\boldsymbol{r}}{\partial\xi}(\xi_c,\eta_c)\times\dfrac{\partial\boldsymbol{r}}{\partial\eta}(\xi_c,\eta_c)\right|} \tag{3.17}$$

如果 $l\geqslant0$，则表示从节点 n_i 没有穿透主单元面，即两物体没有发生接触，不作任何处理，从节点 n_i 处理结束，开始搜索下一个从节点 n_{i+1}。从节点与主单元面的关系如图 3.5 所示。

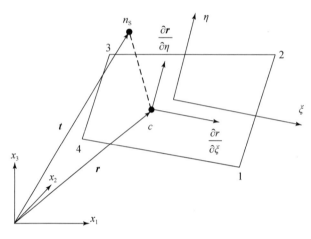

图 3.5　从节点与主单元面的关系

（5）若从节点穿透主面，则在从节点 n_S 和接触点 c 之间施加法向接触力

$$\boldsymbol{f}_S=-lk_i\boldsymbol{n}_i \tag{3.18}$$

式中，k_i 为主单元面的刚度因子，有

$$k_i=\begin{cases}\dfrac{fK_iA_i^2}{V_i}, & \text{实体单元}\\[3mm]\dfrac{fK_iA_i}{L_i}, & \text{板壳单元}\end{cases}$$

其中，K_i 为接触单元的体模量；A_i 为主单元面面积；V_i 为主单元体积；L_i 为板壳单元最大对角线长度；f 为接触刚度比例因子，默认值为 0.10。在计算过程中若发现穿透量过大时，可以放大罚函数因子，但是如果取 $f>0.4$ 时可能会造成计算不稳定，除非减小时间步长。

在从节点 n_S 上附加接触力矢量 $\boldsymbol{f}_S$，根据牛顿第三定律，在主单元面上的接触点 c 作用一个反方向的作用力 $-\boldsymbol{f}_S$，按照式（3.19）将 c 点的接触力等效分配到主单元节点上：

$$\boldsymbol{f}_{jm}=-\varphi_j(\xi_c,\eta_c)\boldsymbol{f}_S,\quad j=1,2,3,4 \tag{3.19}$$

式中，$\phi_j(\xi_c,\eta_c)$ 为主单元面上的二维形函数，且在接触点 c 有 $\sum\limits_{j=1}^{4}\phi_j(\xi_c,\eta_c)=1$。

（6）处理摩擦力，将接触力和摩擦力投影到总体坐标，组集到总体载荷向量中。

2. 土体-结构耦合作用摩擦力的计算

接触界面的计算必须考虑摩擦力因素。本书中，将摩擦现象视作最简单的库仑摩擦[137,138]。在接触问题中将接触摩擦力考虑为库仑摩擦力，通过法向接触力计算得到接触摩擦力。

设在时刻 t_n 时从节点 n_S 受到的摩擦力为 $\boldsymbol{F}^n$，则时刻 t_{n+1} 时可能产生的摩擦力 $\boldsymbol{F}^*$ 为

$$\boldsymbol{F}^* = \boldsymbol{F}^n - k\Delta e \tag{3.20}$$

式中，k 为界面刚度；Δe 为接触点的位移。

$$\Delta e = \boldsymbol{r}^{n+1}(\xi_c^{n+1}, \eta_c^{n+1}) - \boldsymbol{r}^{n+1}(\xi_c^n, \eta_c^n) \tag{3.21}$$

考虑到 $\boldsymbol{F}^*$ 不能超过最大摩擦力 $\boldsymbol{F}_y$

$$|\boldsymbol{F}_y| = \mu |f_S| \tag{3.22}$$

式中，μ 为摩擦系数；f_S 为从节点 n_S 的法向接触力。

则时刻 t_{n+1} 时从节点 n_S 受到的库仑摩擦力 $\boldsymbol{F}_c^{n+1}$ 为

$$|\boldsymbol{F}_c^{n+1}| = \begin{cases} |\boldsymbol{F}^*|, & |\boldsymbol{F}^*| \leqslant \boldsymbol{F}_y \\ \dfrac{\boldsymbol{F}^y \boldsymbol{F}^*}{|\boldsymbol{F}^*|}, & |\boldsymbol{F}^*| > \boldsymbol{F}_y \end{cases} \tag{3.23}$$

由库仑摩擦造成界面的剪应力，在某些情况下可能非常大，以致超过材料所能承受的最大剪应力，因此程序采用某种限制，使

$$|\boldsymbol{F}^{n+1}| = \min(|\boldsymbol{F}_c^{n+1}|, kA_i) \tag{3.24}$$

式中，$\boldsymbol{F}_c^{n+1}$ 为考虑库仑摩擦计算的 t_{n+1} 时刻的摩擦力；A_i 为主片 s_i 的表面积；k 为黏性系数。

3.2.3　土体-结构耦合作用的参数控制

土体-结构耦合作用模拟过程中最关键的是接触控制参数的设置，根据土体与结构的具体单元尺寸和材料属性，通过调整控制参数，能够有效地提高"接触模型"的精确性。

（1）接触刚度算法。在基于罚函数算法的接触类型中，目前有两种计算主、从面间接触刚度的方法：一种是利用接触段的尺寸与其材料特性来确定接触刚度，该方法适用于两个接触面的材料刚度参数相差不大时；另外一种是在计算接触刚度时综合考虑发生接触的节点质量与整体时间步长用以保证时间的稳定性。本书考虑到土体和结构材料性质相差悬殊，因此采用后者的罚函数接触算法。

（2）接触摩擦参数。本书采用简单的库仑摩擦模型，通过设置非零的静摩擦系数 FS 和动摩擦系数 FD 来激活。通常 FD 应小于 FS，同时必须指定非零的衰减系数 DC。对于伴有数值噪声的问题，FS、FD 通常设为相同的值，以免额外噪声的产生。为限制过大、不真实的摩擦力产生，通常需要设置黏性摩擦系数，为接触构件材料的屈服应力。不同类型的问题对摩擦系数的敏感性是不同的，有时可能存在很大的差异。在具体问题分析时，可以通过极限分析（设置 FS 和 FD 的上、下限）的方法确定摩擦的敏感性。

（3）罚因子。设置罚因子（SFS、SFM）可用来增大或减小接触刚度，SFM 是主罚因子，SFS 是从罚因子。对于材料刚度相当、网格尺寸相差不大的两面间的接触问题，SFS、SFM 的缺省设置是可行的。由于土体和结构的刚度存在较大差异，因此需要对该参数进行适当的处理已满足计算精度和稳定性的需要。

（4）黏性接触阻尼。黏性接触阻尼（viscous damping coefficient，VDC）用来降低接触过程中接触力的高频振荡。对于接触材料刚度相差较大的接触问题，VDC 设为 40～60（临界

阻尼的 40%～60%），通常能提高模型的稳定性。

（5）最大穿透量。为避免由于从节点穿透深度过大（罚力与穿透深度成正比）而引起的数值不稳定。当从节点穿透到一定的深度（maximum penetration），该节点从接触中自动释放，但依然参与其他的计算。在自动接触中（Automatic_General 除外），最大穿透深度可计算为：Max Distance＝PENMAX×（thickness of the solid）或者 Max Distance＝PENMAX×（slave thickness＋master thickness）。对于控制最大穿透深度的参数一般不要改动（使用缺省设置）。如果节点穿透过大而需要释放，可以采用增大接触刚度或增加接触厚度等方法来实现。

3.3　非线性土体建模方法

3.3.1　土体分层模型

由于地质沉积和构造作用，工程实际中的土体性质水平向多呈现相同的特性，而垂直向则呈现一定的差异，从而形成了土体的分层结构。图 3.6 为真实土体的土层结构透视图。不同土体分层由于结构差异造成其力学性能不同。为了能真实反映土体的力学性能，土体建模必须要考虑其分层特征，进行土体分层建模。对土体结构进行分层的关键是根据勘察资料三维空间中土层间的分层线。

①填土
②0灰色黏质粉土
②褐黄色黏土
②3灰色粉土
③灰色淤泥质粉质黏土
④灰色淤泥质黏土
⑤灰色黏土
⑥暗绿-草黄色黏土
⑦草黄色黏质粉土
⑧灰色黏土

⑨青灰色粉砂

⑩蓝灰色粉质黏土
⑪青灰色粉细砂

图 3.6　土层透视图

通过 B 样条算法建立各个土层的分层线，如图 3.7 所示。再将此分层线在平行于海平面的平面内沿水平方向扫掠,得到土体分层面。这样在建立土体整体模型后,利用土体分层面就可以将土体进行分层,这种方法建立的土层模型能充分反映工程场地土层的结构特征。

图 3.7 土层地质剖面线

图 3.8 为根据真实地质勘测资料,按照土体分层建模方法建立的土体分层有限元模型。

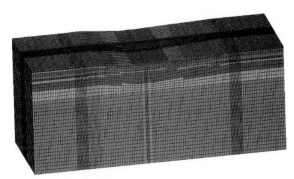

图 3.8 土体分层有限元模型

3.3.2 土体单元尺寸控制

对连续介质用有限单元离散后会造成两种后果。从物理本质上看,会使波的传播性质发生变异;从数学角度看,离散会造成计算误差。这里着重讨论物理意义上的变化,连续介质离散化后将引起两种不利的效应,一种称为"低通效应"[139,140],另一种称为"频散效应"[141,142]。它们都将使波的传播性质发生变化。

低通效应是当连续体用有限单元划分为离散体系后,当外界扰动作用在离散体系上时,体系各个质点将以低于最高固有频率的一系列简谐振动的叠加进行振动,对高于固有频率的扰动分量将受到阻止而不能传播。这就是物理意义上离散体区别于连续体的本质不同之处。通常把最高固有频率称为离散体系的截止频率。这个体系就如同一个低通滤波器,所以把这种现象就叫做"低通效应"。

连续体离散化后造成的另一现象称为"频散效应",从波动力学带宽定理得到

$$\Delta\omega\Delta t \approx 2\pi \tag{3.25}$$

$$\Delta K\Delta x \approx 2\pi \tag{3.26}$$

式中,ω 为圆频率;k 为波数;t 为时间。

可以看出,能量所在空间或时间越集中,其频谱或波数域就越宽。由上述讨论可知,离散以后的频谱比连续体系要窄,所以能量所在的区域就要变大,也就是说,能量因为频带的

变窄而弥散了,这种现象就是"频散效应"。

对于地震波在连续地基中传播的问题采用有限单元法分析时,由于模型的离散化将带来"低通效应"和"频散效应",而且单元尺寸越大,这种效应将越明显,尺寸超过一定的界限将会出现理论模型的物理失真。显然,当单元尺寸取得足够小时,这些效应将大大减弱而不影响波的传播特性。但是,对于本书所研究的三维问题,如果单元的尺寸缩小,将会使计算量增大,而且这种增大是指数级的。因此,选择合适大小的单元,对本书的研究具有现实意义。本书采用下列方法确定有限元离散化数值模拟波动问题时的单元尺寸[143~145]:

(1)确定输入波动能量的截止频率 f_{max}。

对输入波形作傅里叶变换,做出其幅频图,选定截断频率 f_{max},其原则是滤掉高于截断频率的波动能量后,保留的各频率成分的波动能量合成的新波形能恢复原始输入波形的主体。对于本书而言,对地震波进行截断频率处理,保留 20Hz 以内的波动能量。

(2)确定空间步距 Δx。

由截断频率 f_{max} 确定可以在离散网格模型中传播的最短波长 $\lambda_{min}=c_{min}/f_{max}$,$c_{min}$ 为介质中的最小波速;直观判断,模拟 λ_{min} 长度内正弦函数一个完整周期的形状,至少需要 4 个节点且中间两点要不同相,即要满足 $\Delta x \leqslant \lambda_{min}/4$。众多研究者的经验准则是 $\Delta x \leqslant (1/6 \sim 1/8)$ λ_{min}。本书从计算效率角度考虑,单个波长 λ_{min} 内要求包含 6 个单元网格即可。依据上海市土体地质特点,进行土体建模时,地表附近软土层单元最大尺寸不超过 5m,深层基岩位置单元最大尺寸不超过 15m。

(3)确定时间步距 Δt。

首先满足计算稳定性要求(隐式算法选择合适的计算参数使得无条件稳定,显式算法的时间步小于所有单元的关键时间步);其次满足 $\Delta t \leqslant \Delta x/c$,$\Delta x$ 为空间步距,c 为介质波速。经验表明通常显式算法,基于稳定性要求的 Δt 比基于精度要求的 Δt 限制更严格。

3.3.3 土体材料模型

地基土的物理性状复杂,其变形通常包含可恢复的弹性变形和不可恢复的塑性变形,为典型的非线性材料。通常适用于反映岩土、混凝土的屈服和破坏情况的屈服准则主要是Mohr-Coulomb 屈服准则和 Drucker-Prager 屈服准则[146,147]。

与 Mohr-Coulomb 屈服准则相比,Drucker-Prager 屈服准则具有以下两个方面的优点:

(1)考虑了静水压力可以引起岩土屈服的因素。

(2)避免了 Mohr-Coulomb 准则屈服面在角棱处引起的数值计算上的困难,即避免了奇异点(singularity)。

Drucker-Prager 是一种经过修正的 Mises 屈服准则,其表达式为

$$\boldsymbol{F}=\alpha \boldsymbol{J}_1+(\boldsymbol{J}_2')^{1/2}-k=0 \tag{3.27}$$

式中,$\boldsymbol{J}_1$ 为应力张量的第一不变量;$\boldsymbol{J}_2'$ 为应力偏张量的第二不变量。

然而,在实际使用时,由于参数 α 和 k 往往不能直接通过试验获得,更常用的是使用摩擦角 ϕ 和黏聚力 c 这两个参数。因此,α 和 k 以 φ 和 c 的形式加以表述。

对于受压破坏:

$$\alpha = \frac{2\sin\phi}{\sqrt{3}(3-\sin\phi)}, \quad k = \frac{6c\cos\phi}{\sqrt{3}(3-\sin\phi)} \tag{3.28}$$

对于受拉破坏：

$$\alpha = \frac{2\sin\phi}{\sqrt{3}(3+\sin\phi)}, \quad k = \frac{6c\cos\phi}{\sqrt{3}(3+\sin\phi)} \tag{3.29}$$

其对应的屈服面分别为 Mohr-Coulomb 屈服面的外角点外接圆锥面和内角点外接圆锥面，如图 3.9 所示。

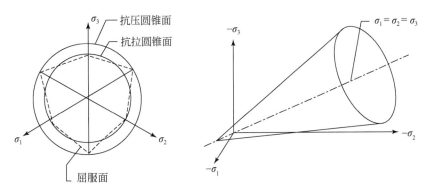

图 3.9　屈服面示意图

本书采用了基于 Drucker-Prager 屈服准则的各向同性弹塑性材料模型（D-P 模型）。使用 D-P 模型计算时所用到的土层物理力学性质参数包括：土体密度 ρ、剪切弹性模量 G、泊松比 ν、摩擦角 ϕ 和黏聚力 c。D-P 模型能较好地模拟土体的压缩、扭转等，使土壤的变形更接近于真实情况。

3.4　黏弹性人工边界建模方法

3.4.1　三维黏弹性人工边界法向条件

1. 法向边界方程

球坐标系中球面膨胀波（P 波）的波动方程为

$$\frac{\partial^2(R\phi)}{\partial R^2} = \frac{1}{c_p^2}\frac{\partial^2(R\phi)}{\partial t^2} \tag{3.30}$$

式中，ϕ 为位移势函数；c_p 为介质的 P 波波速；R 为径向坐标。

式（3.30）的通解可表示为

$$\phi(R,t) = \frac{1}{R}f(R-c_p t) + \frac{1}{R}g(R+c_p t) \tag{3.31}$$

式中，$f(\cdot)$ 和 $g(\cdot)$ 为任意函数，分别表示外行扩散波和内行会聚波。

考虑外行扩散波垂直于波阵面的位移可写为

$$u = \nabla\varphi = \frac{\partial\varphi}{\partial R} = \frac{1}{R}f'(R-c_p t) - \frac{1}{R^2}f(R-c_p t) \tag{3.32}$$

而法向应力为

$$\sigma = (\lambda + 2\mu)\frac{\partial u}{\partial R} + 2\lambda\frac{u}{R} \tag{3.33}$$

式中，λ、μ 为拉梅常数。

由式(3.32)可得

$$\frac{\partial u}{\partial R} = \frac{1}{R}f''(R - c_p t) - \frac{2}{R^2}f'(R - c_p t) + \frac{2}{R^3}f(R - c_p t) \tag{3.34}$$

$$\frac{u}{R} = \frac{1}{R^2}f'(R - c_p t) - \frac{1}{R^3}f(R - c_p t) \tag{3.35}$$

将式(3.34)和式(3.35)代入式(3.33)，可得波阵面上用函数 $f(\cdot)$ 表示的法向应力为

$$\sigma = \frac{\lambda + 2\mu}{R}f''(R - c_p t) - \frac{4\mu}{R^2}f'(R - c_p t) + \frac{4\mu}{R^3}f(R - c_p t) \tag{3.36}$$

为建立法向应力 σ 与位移 u 之间的关系式引入以下方程：

$$\dot{u} = \frac{\partial u}{\partial t} = -\frac{c_p}{R}f''(R - c_p t) + \frac{c_p}{R^2}f'(R - c_p t) \tag{3.37}$$

$$\ddot{u} = \frac{\partial^2 u}{\partial t^2} = -\frac{c_p^2}{R}f'''(R - c_p t) + \frac{c_p^2}{R^2}f''(R - c_p t) \tag{3.38}$$

$$\frac{\partial\sigma}{\partial t} = -c_p\frac{\lambda + 2\mu}{R}f'''(R - c_p t) + c_p\frac{4\mu}{R^2}f''(R - c_p t) - c_p\frac{4\mu}{R^3}f'(R - c_p t) \tag{3.39}$$

由式(3.32)、式(3.36)~式(3.39)可得，在波阵面上法向应力和位移满足：

$$\sigma + \frac{R}{c_p}\dot{\sigma} = -\frac{4G}{R}\left(u + \frac{R}{c_p}\dot{u} + \frac{\rho R^2}{4G}\ddot{u}\right) \tag{3.40}$$

式(3.40)即为三维法向人工边界方程，该方程给出了波阵面上法向应力与位移的关系式，式中 $G = \mu$ 为介质剪切模量，ρ 为介质密度。推导式(3.10)时利用了关系式(3.41)：

$$\lambda + 2\mu = \rho c_p^2 \tag{3.41}$$

当时间趋于无穷大时，三维法向人工边界方程(3.40)退化为

$$\sigma = -\frac{4G}{R}u \tag{3.42}$$

式(3.42)即为静力边界方程(3.40)，该方程表示弹性体中球形空腔受均匀压力时，空腔附近位移与应力的关系。

2. 法向边界数值模拟技术

为建立人工边界，将无限连续介质截断。在截断处，即人工边界上，施加连续的弹簧-阻尼器-集中质量系统，如图 3.10 所示。

图 3.10 给出的物理系统的运动方程为

$$Ku_R + C(\dot{u}_R - \dot{u}_M) = \sigma \tag{3.43}$$

$$M\ddot{u}_M + C(\dot{u}_M - \dot{u}_R) = 0 \tag{3.44}$$

式中，u_R 和 u_M 分别表示人工边界节点和集中质量沿荷载作用方向位移。

由式(3.43)可得

$$\dot{u}_M = \frac{1}{C}(Ku_R + C\dot{u}_R - \sigma) \tag{3.45}$$

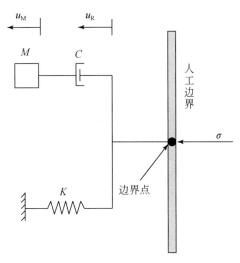

图 3.10　法向边界示意

$$\ddot{u}_M = \frac{1}{C}(K\dot{u}_R + C\ddot{u}_R - \dot{\sigma}) \tag{3.46}$$

将式(3.45)和式(3.46)代入式(3.44),可得到关于施加物理系统的人工边界节点应力与位移满足的微分方程:

$$\sigma + \frac{M}{C}\frac{\partial\sigma}{\partial t} = K\left(u_R + \frac{M}{C}\frac{\partial u_R}{\partial t} + \frac{M}{K}\frac{\partial^2 u_R}{\partial t^2}\right) \tag{3.47}$$

将式(3.40)与式(3.47)进行对比可以发现,当物理元件参数为

$$K = \frac{4G}{R}, \quad C = \rho c_p, \quad M = \rho R \tag{3.48}$$

时,人工边界上力和位移的条件与原连续介质的完全相同,即只需采用相应参数的弹簧阻尼器和集中质量单元即可实现三维黏弹性人工边界。

3.4.2　三维黏弹性人工边界切向条件

1. 切向边界方程

球坐标系中球面剪切波动(sheaved波,S波)位移的近似解为

$$u(R,t) = \frac{1}{R}f(R - c_s t) + \frac{1}{R}g(R + c_s t) \tag{3.49}$$

式中,c_s 为介质剪切波(S波)波速;等式右边第一项和第二项分别表示外行扩散波和内行会聚波。

考虑扩散的球面剪切波波阵面的切向位移为

$$u(R,t) = \frac{1}{R}f(R - c_s t) \tag{3.50}$$

由式(3.50)所确定的剪应变和剪应力分别为

$$\gamma(R,t) = \frac{\partial u}{\partial R} - \frac{u}{R} = -\frac{2}{R^2}f(R - c_s t) + \frac{1}{R}f'(R - c_s t) \tag{3.51}$$

$$\tau(R,t)=G\gamma=G\left(-\frac{2}{R^2}f(R-c_st)+\frac{1}{R}f'(R-c_st)\right) \tag{3.52}$$

坐标 R 处质点的运动速度可表示为

$$\dot{u}=\frac{\partial u(R,t)}{\partial t}=-\frac{c_s}{R}f'(R-c_st) \tag{3.53}$$

由式(3.51)～式(3.53)可得,在波阵面上:

$$\tau(R,t)=-\frac{2G}{R}u(R,t)-\rho c_s\dot{u}(R,t) \tag{3.54}$$

式(3.54)即为三维切向人工边界方程,该方程给出了波阵面上切向应力与位移的关系式。式中,$G=\mu$ 为介质剪切模量;ρ 为介质密度。

2. 切向边界数值模拟技术

如式(3.54)所示,容易证明该方程等价于并联的弹簧-阻尼器系统,对应物理元件的参数为

$$K=\frac{2G}{R},\quad C=\rho c_s \tag{3.55}$$

在有限元实现过程中,切向边界物理元件参数的实际取值等于式(3.55)给出的量值与对应有限元节点所代表网格面积的乘积。

3.4.3　黏弹性人工边界

为了模拟实际连续介质条件,式(3.48)和式(3.55)分别给出了人工边界法向和切向应施加的物理元件形式,其中法向边界物理元件中的质量 M 与阻尼器相连(图3.10)。为了克服实际处理和计算时可能引起的不便,我们将质量 M 忽略,并将与质量 M 相连的阻尼器的一端固定,从而形成黏性阻尼器+弹簧的人工边界,与切向的人工边界一起统称为黏弹性人工边界[148~150]。

由于黏弹性人工边界所模拟的是人工边界上的应力条件,因此,这是一种连续分布的人工边界条件。当采用有限元法或其他离散化方法将人工边界所包围的计算区离散化时,人工边界面也将随之离散化,此时可以采用有限元法的形函数将连续分布的人工边界物理元件化为耦联的人工边界,可称为一致黏弹性人工边界;也可以简单地采用集中处理方法,形成解耦的人工边界,称为集中黏弹性人工边界。一般情况下,可以采用相对简单的集中黏弹性人工边界条件,其具体实施方法如图3.11所示。

为了更为简便地应用,在有限元中使用等效实体单元来替换空间分布的弹簧-阻尼器元件,即在已有的有限元模型边界上,沿边界面法向延伸一层一定厚度的实体单元,并将外层边界固定,如图3.12所示。

如果用与计算区域相同的单元来模拟一致黏弹性边界,单元的等效剪切模量和弹性模量为

$$\begin{cases} G'=hK_{BT}=\alpha_T h\dfrac{G}{R} \\ E'=\dfrac{(1+\nu')(1-2\nu')}{1-\nu'}hK_{BN}=\alpha_N h\dfrac{G}{R}\dfrac{(1+\nu')(1-2\nu')}{1-\nu'} \end{cases} \tag{3.56}$$

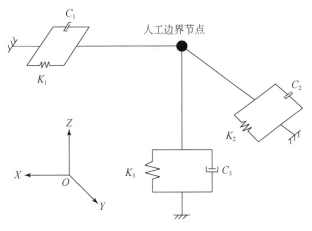

图 3.11　三维黏弹性人工边界

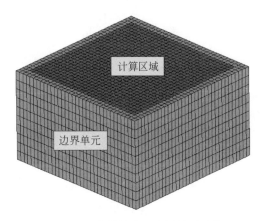

图 3.12　黏弹性人工边界单元示意

式中，K_{BN} 和 K_{BT} 为人工边界弹簧法向刚度和切向刚度；h 为边界单元的厚度；ν' 为等效泊松比，按式(3.57)取值：

$$\nu' = \begin{cases} \dfrac{\alpha-2}{2(\alpha-1)}, & \alpha \geqslant 2 \\ 0, & \alpha < 2 \end{cases} \qquad (3.57)$$

式中，$\alpha = \alpha_N / \alpha_T$，根据式(3.56)可以确定等效一致黏弹性边界单元的剪切模量和弹性模型。采用与刚度成正比的阻尼假设，材料的等效阻尼系数为

$$\eta' = \begin{cases} \dfrac{\rho R}{2G}\left(\dfrac{c_s}{\alpha_T} + \dfrac{c_p}{\alpha_N}\right), & \text{二维} \\ \dfrac{\rho R}{3G}\left(2\dfrac{c_s}{\alpha_T} + \dfrac{c_p}{\alpha_N}\right), & \text{三维} \end{cases} \qquad (3.58)$$

3.4.4　黏弹性人工边界验证及土体区域选取

在进行土体-结构耦合计算时，需要选择合适的土体计算区域。所选区域过大则计算负担

过重,区域过小有可能造成较大的计算误差,因此,选择合适的计算区域是保证计算准确性的基础。本书为了选取合适的土体计算区域,同时为了验证黏弹性人工边界在波传播问题中的有效性和可靠性,设计了四组地震荷载作用下土体上部结构响应的数值试验:①土体取 10 倍结构横向尺寸并采用自由边界;②土体取 10 倍结构横向尺寸并采用黏弹性人工边界;③土体取 5 倍结构横向尺寸并采用黏弹性人工边界;④土体取 40 倍结构横向尺寸并采用自由边界。

图 3.13 为黏弹性人工边界验证模型,其中上部结构横向尺寸为 6m,高为 15m,采用壳单元模拟,厚度为 0.5m。土体单元和边界单元采用实体单元模拟,土体尺寸按照四组不同的工况进行确定。上部结构密度为 2500kg/m³,弹性模量为 3.35×10^4 MPa,泊松比为 0.2。土体密度为 1837kg/m³,弹性模量为 227MPa,泊松比为 0.3。黏弹性人工边界密度为 1837kg/m³,弹性模量为 15.1MPa,泊松比为 0.3。

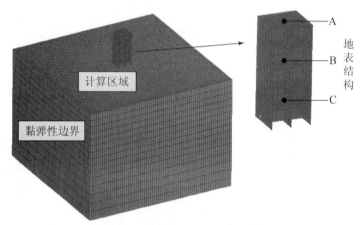

图 3.13　黏弹性人工边界验证模型

输入激励选取 50 年超越概率 3‰ 地震波,其加速度时程如图 3.14 所示。为了检测模型中不同位置的位移响应情况,选取如图 3.14 所示的三个检测点进行分析。

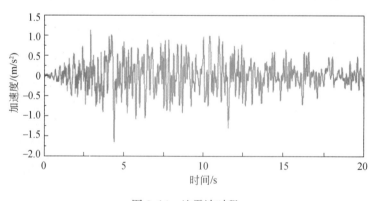

图 3.14　地震波时程

图 3.15 给出了检测点 A 在 10 倍＋黏弹性人工边界和 40 倍＋自由边界两组工况下的侧向位移时程,可以看出,两组工况下整体位移峰值接近,但是 10 倍＋黏弹性边界工况下波形更为平滑,说明黏弹性人工边界对波的吸收作用更好,避免了波的反射引起的误差。

表 3.1 列出了不同检测点在四组工况下的位移峰值,可知 10 倍＋黏弹性边界工况与 40

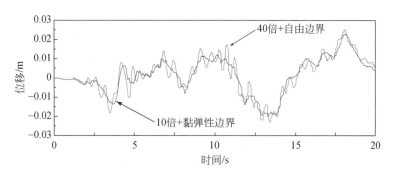

图 3.15　检测点 A 侧向位移时程对比

倍＋自由边界工况下检测点位移峰值接近，偏差在 8.5％以内。5 倍＋黏弹性边界工况与 40 倍＋自由边界工况检测点偏差在 20％左右，10 倍＋自由边界工况与 40 倍＋自由边界工况检测点偏差较大，接近 50％，已出现严重误差。因此，可以认为通过施加黏弹性人工边界能有效模拟半无限地基边界条件，该方法是可行的。但是在施加黏弹性人工边界时，对于土体的尺寸有一定要求，尺寸过小依然会造成一定的误差。通过计算分析，建议土体计算区域应该大于结构横向尺寸的 10 倍，并施加黏弹性人工边界。

表 3.1　不同边界条件侧向位移

关键点	10 倍（黏弹性边界）		5 倍（黏弹性边界）		10 倍（自由边界）		40 倍
	位移/mm	与 40 倍偏差/％	位移/mm	与 40 倍偏差/％	位移/mm	与 40 倍偏差/％	位移/mm
A	23.05	−8.13	20.20	−19.49	36.81	46.71	25.09
B	17.68	−7.09	15.01	−21.12	25.56	34.31	19.03
C	11.58	−4.38	9.87	−18.50	16.63	37.32	12.11

3.5　本 章 小 结

本章针对土体-复杂结构耦合系统全三维非线性数值模型的要求，提出了一套数值建模方法。首先，根据土体-结构耦合作用力学特点，将其耦合作用归纳为一种接触行为，并且建立了土体-结构耦合作用的数值模型。将土体与结构之间的接触对，通过分段的 bucket 分类搜索和双向对称接触方式实现。通过对土体-结构耦合参数的控制，可以确保土体-结构耦合作用计算的精确。

本章采用土体分层建模方法，建立了与实际地质勘测质量相吻合的分层土体有限元模型，使土体模型的力学特性更符合工程实际。依据激励波在连续介质有限元模型中的传播规律，通过对土体单元尺寸控制，既保证了一定计算区域内土体单元数量在现有计算条件可承受的范围内，又保证了地震波主要频率能量在土体中的有效传播。通过连续模型与精细模型的拼接得到混合模型，使得模拟过程可同时进行整体分析和局部细致分析。求解土体-结构耦合系统地震响应问题，需要考虑半无限地基的边界条件。本章利用黏弹性人工边界模拟半无限地基的边界，并且通过四组数值模型进行了数值试验，从而验证了黏弹性人工边界的有效性。通过数值试验的对比，确定了合理的土体计算区域。

第4章 地震响应并行计算的介质参数等效方法

4.1 引　言

地震响应计算中除了要建立准确、可靠的数值模型之外,各计算域的材料模型及计算参数的准确性也非常关键,其中,计算域主要包括结构域和土体域。现实工程中,结构往往规模宏大且各构件交错复杂,为此,数值模拟时对结构域需进行合理的等效简化。另外,采用 Rayleigh 阻尼理论建立的振动方程为线性微分方程,求解简单方便,在结构动力分析中得到了广泛的应用。Rayleigh 阻尼系数会影响土层地震反应时域分析的精确性,从而影响上部结构抗震设计时地震动参数的确定。因此,如何选取 Rayleigh 阻尼系数是进行时域分析很关键的一步。

本章针对隧道衬砌环结构和土层分别提出衬砌环正交各向异性参数等效方法和土层 Rayleigh 阻尼参数等效方法。正交各向异性参数等效方法是通过等效模型与精细模型对比分析,得出等效模型中正交各向异性材料参数。Rayleigh 阻尼参数等效方法通过与一维等效线性化软件对比分析得出三维模型阻尼参数。

4.2 衬砌环正交各向异性参数等效方法

4.2.1 广义代表性体积元法

将复杂非均匀体转化为均匀体时,代表性体积元(representative volume element,RVE)法是一种常用方法。RVE 是均匀化方法的主要研究对象,并被广泛应用到复合材料宏观弹性模量的预测中。RVE 从细观层次上可以划分为两种含义:①具有周期性微结构的复合材料,如纤维织物、蜂窝结构,这种周期性的组元也称单胞;②组成相的微结构被认为是均匀的,组成相采用周期性布置方式,如铺层复合材料、本章研究的隧道衬砌结构以及正交异性桥面结构等。

以一非均匀材料域 Ω_{het} 内的有限元分析问题为例,结构具有与空间相关的弹性张量 $\boldsymbol{E}(y)$,结构承受体力 $\boldsymbol{f}$ 和边界 Γ 上的面力 $\boldsymbol{t}$ 作用,根据经典的虚功原理,结构位移场 $\boldsymbol{u}$ 的求解可以表达为:求解满足边界条件 $\boldsymbol{u}|_{\Gamma_u}=\bar{\boldsymbol{u}}$ 的位移场 $\boldsymbol{u}$,使得

$$\int_{\Omega_{\mathrm{het}}} \nabla\boldsymbol{v}:\boldsymbol{E}(y):\nabla\boldsymbol{u}\mathrm{d}\Omega - \int_{\Omega_{\mathrm{het}}} \boldsymbol{f}\cdot\boldsymbol{v}\mathrm{d}\Omega - \int_{\Gamma}\boldsymbol{t}\cdot\boldsymbol{v}\mathrm{d}\Gamma = 0, \quad \forall\boldsymbol{v}\in\boldsymbol{V}(\Omega_{\mathrm{het}}) \tag{4.1}$$

其中,$\boldsymbol{V}(\Omega_{\mathrm{het}})$ 为与微分方程个数相等的容许函数空间。

对于那些由不均匀材料或复杂微结构组成的复杂系统,材料参数 $\boldsymbol{E}(y)$ 可能随空间位置

的变化而产生较大差别。因此，想要得到足够精度的求解结果，则需要非常精细的有限元网格，但会导致系统方程的维数增加，给求解带来困难。针对这一问题，一种较好的解决方案就是将非均匀的材料域进行均匀化，采用等效后的材料弹性常数 $E^h(y)$ 进行边值问题的求解。同样，可根据虚功原理表述如下：求解满足边界条件 $u^h|_{\Gamma_u} = \bar{u}$ 的位移场 u^h，使得

$$\int_{\Omega_h} \nabla v : E^h(y) : \nabla u^h d\Omega - \int_{\Omega_h} f \cdot v d\Omega - \int_{\Gamma} t \cdot v d\Gamma = 0, \quad \forall v \in V(\Omega_h) \qquad (4.2)$$

同时，根据等效的弹性张量可以得到对应的满足边界条件的位移场 $\sigma^h = E^h(y) : \nabla u^h$。确定统计平均结构等效的弹性常数一般需要用到 RVE，在 RVE 上进行结构参数的均一化。RVE 的一个必要特征就是它必须满足统计平均性，即在结构任意单元中，微结构具有相同的性质和布置方式。

复合材料/结构的典型特征是能够提取出代表性体积元。分析时，首先根据复合结构的具体构造，建立对应的包含初始条件和边界条件的数值问题求解模型，进而可以通过有限元方法求解 RVE 的实际应力、应变场。基于这些结果，既可以通过均一化方法来计算复合材料/结构的宏观应力-应变关系，也可以根据获得的物理场量研究复合材料/结构的非线性屈服以及断裂破坏等问题。从复合材料/结构的细观构造上看，一般来讲，增强相都是按照一定的排列规律附着在基体之上的；从统计上看，这些结构一般都具有统计平均性。因而，可以从整体结构中分离出许多重复的单元，整个复合结构则可以视为由这些单元按照一定组织规律组合形成的。根据圣维南原理，对于整体结构中那些远离载荷和边界条件的区域，由于他们的组成单元基本相同，也应该具有几乎相同的等效应力和应变场。因此，可以在整体等效模型上运用宏观力学有限元法，求解得到结构整体的等效应力应变场，而在结构局部采用 RVE 的精细有限元模型来计算所关注结构细节的实际响应特征。具体来讲，代表性体积单元是指能够提供在连续模型和离散模型之间的划分，在尺寸上能够包含所有几何信息和材料信息的单元。

本书对代表性体积元法进行了扩展，将其运用到大型周期性结构的多尺度数值分析中。对于周期性正交异性结构来说，选用 RVE 作为分析单元，能够将结构细节（接头、加强结构等）的影响考虑在内，同时使用整体连续模型进行有限元分析，避免全精细尺度模型分析的繁琐，降低了整体模型的规模，又包含了所有结构的几何拓扑信息。相比于复合材料力学所采用的 RVE 方法，大型结构 RVE 的不同点在于，在进行 RVE 模型和整体模型有限元分析时，都是基于宏观的力学理论，但他们同样存在着巨大的尺寸差异。

大型结构匀质化方法的简要流程如图 4.1 所示，首先，从大型周期性结构中提取能反映结构力学特性的代表性体积元，再选择合理的匀质化方法对该 RVE 进行等效，从而得到等效后的连续体的材料参数。在整体结构的等效建模时，便不必过多地考虑那些繁琐的结构细节，从而大大降低建模的难度和计算工作量，同时细节结构对整体结构力学性能的影响又能够得到充分考虑。

实际工程中，一般用工程弹性参数（拉压弹性模量、剪切弹性模量以及泊松比）来表征材料的力学性能。一点的应力状态可以用 9 个应力张量分量 $\sigma_{ij}(i, j = 1, 2, 3)$ 来表示，1、2、3 为参考坐标轴，其变形状态也可以用 9 个应变分量 ε_{ij} 来表示。应变-应力关系表示为

$$\varepsilon_{ij} = C_{ijkl} \sigma_{kl}, \quad i, j, k, l = 1, 2, 3 \qquad (4.3)$$

根据应力-应变张量的对称性，有

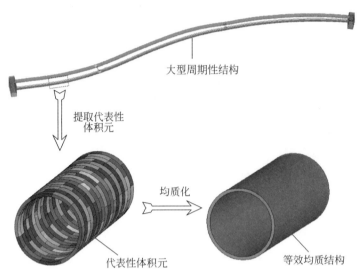

图 4.1　大型周期结构匀质化过程

$$\sigma_{ij}=\sigma_{ji}, \quad \varepsilon_{ij}=\varepsilon_{ji} \tag{4.4}$$

将上述张量应力、应变分量转换为工程应力、应变分量,有

$$\begin{cases} \varepsilon_1=\varepsilon_{11} \\ \varepsilon_2=\varepsilon_{22} \\ \varepsilon_3=\varepsilon_{33} \\ \varepsilon_4=\gamma_{23}=2\varepsilon_{23} \\ \varepsilon_5=\gamma_{31}=2\varepsilon_{31} \\ \varepsilon_6=\gamma_{12}=2\varepsilon_{12} \end{cases} \quad \begin{cases} \sigma_1=\sigma_{11} \\ \sigma_2=\sigma_{22} \\ \sigma_3=\sigma_{33} \\ \sigma_4=\tau_{23}=\sigma_{23} \\ \sigma_5=\tau_{31}=\sigma_{31} \\ \sigma_6=\tau_{12}=\sigma_{12} \end{cases} \tag{4.5}$$

用下标表示为

$$\varepsilon_i=S_{ij}\sigma_j, \quad i,j,k,l=1,2,\cdots,6 \tag{4.6}$$

若材料为各向异性材料,则相互独立的材料参数为 21 个。具有 3 个相互正交的弹性对称面的材料称为正交各向异性材料,则相互独立的材料参数个数变为 9 个。对应的应变-应力关系写为

$$\begin{bmatrix} \varepsilon_1 \\ \varepsilon_2 \\ \varepsilon_3 \\ \gamma_{23} \\ \gamma_{31} \\ \gamma_{12} \end{bmatrix} = \begin{bmatrix} \dfrac{1}{E_1} & -\dfrac{\upsilon_{21}}{E_2} & -\dfrac{\upsilon_{31}}{E_3} & 0 & 0 & 0 \\ -\dfrac{\upsilon_{12}}{E_1} & \dfrac{1}{E_2} & -\dfrac{\upsilon_{32}}{E_3} & 0 & 0 & 0 \\ -\dfrac{\upsilon_{13}}{E_1} & -\dfrac{\upsilon_{23}}{E_2} & \dfrac{1}{E_3} & 0 & 0 & 0 \\ 0 & 0 & 0 & \dfrac{1}{G_{23}} & 0 & 0 \\ 0 & 0 & 0 & 0 & \dfrac{1}{G_{31}} & 0 \\ 0 & 0 & 0 & 0 & 0 & \dfrac{1}{G_{12}} \end{bmatrix} \begin{bmatrix} \sigma_1 \\ \sigma_2 \\ \sigma_3 \\ \tau_{23} \\ \tau_{31} \\ \tau_{12} \end{bmatrix} \tag{4.7}$$

对于普通的正交异性复合材料的力学参数识别,可以采用在三个材料主方向进行单向拉伸试验和与三个主方向垂直的平面内进行纯剪切试验,就可以得到该正交异性材料的应力-应变关系和弹性参数。

而对于大型正交各向异性复合结构的材料等效参数识别,模型实验显得非常困难,对正问题直接的解析方法推导则显得异常复杂,故常常将其转化为反问题进行求解。即对精细的 RVE 模型进行正问题求解,选取能反映结构参数的结构响应为目标函数,通过不断优化均一化模型的等效材料参数,直至均一化模型的结构响应能够较好地吻合精细 RVE 的结构响应,这就是一个参数优化的过程。

在很多数值试验中,对于该问题的求解,常采用有限元法。而基于导数计算的优化方法是材料参数识别问题中比较常用的方法之一。在求解过程中,用设计变量对目标函数的灵敏度来确定材料参数的有效搜索方向和步长,使目标函数值下降。

4.2.2　盾构隧道三维精细有限元模型与验证

1. 盾构隧道三维精细模型

上海某隧道衬砌是世界上口径最大的盾构隧道,其内外半径分别为 6.85m 和 7.5m,环宽为 2m,锥度为 1.57°(本章建模时未考虑)。隧道典型断面如图 4.2(a)所示,衬砌标准环由 1 封顶块、2 邻接块和 7 标准块组成,封顶块为 18.519°,邻接块为 38.108°,而标准块为 36.344°～39.963°,衬砌管片由 C60 混凝土预制而成。

图 4.2(b) 显示了隧道管片接头设计。在管片接头处,采用一对(M39)螺栓来连接相邻管片,同时,在管片接触位置采用混凝土-混凝土接触(单侧混凝土厚度为 2mm),而没有采用衬垫材料。衬砌的防水性采用橡胶密封圈加以保证,这些橡胶垫圈分布在管片接头的外侧。

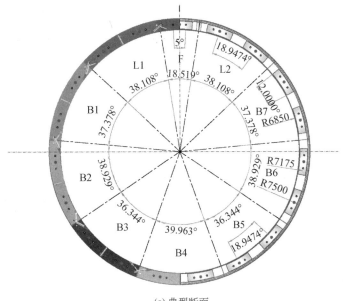

(a) 典型断面

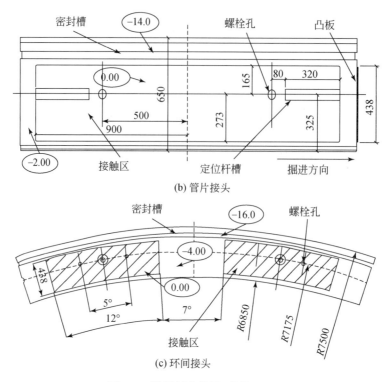

(b) 管片接头

(c) 环间接头

图 4.2　隧道衬砌设计(单位:mm)

图 4.2(c) 显示了隧道环间接头设计。两环衬砌之间采用 19 对(M30)螺栓连接,同时平均分布有 19 块丁腈橡胶衬垫,这些衬垫分布在千斤顶作用侧的 4mm 厚混凝土凸台上。每块衬垫的接触面在径向的宽度与管片接头相同,为 438mm。

为更真实地建立管片式拼装隧道的有限元模型,最精确的方式是通过三维实体单元建立管片模型,而管片间的相互作用通过在接触位置建立接触对来模拟。这种方法有一明显的缺点,即建模所需的单元数较多,从而会导致整体系统方程过大,给求解带来一定困难。一种较好的替代方式就是通过壳单元模拟管片,而通过参数设置较为复杂的界面单元(DI-ANA®)来模拟管片以及环间接头,从而极大地降低单元数量和系统方程规模。

然而,在大部分通用有限元程序中则没有类似的界面单元算法。此时,另一个较为简便的替代方式是通过弹簧单元来模拟接头的相互作用,即通过一系列的伸缩、剪切和旋转弹簧模拟接头。这种方法的局限在于,弹簧单元并不能有效地模拟接触面位置的相互作用,接头的刚度取决于其所处的压力水平等因素,也大大增加了动力学计算的难度。需要选择合理的建模方式来模拟管片拼装式隧道的动力响应特性。

本章中,隧道衬砌模型的建模遵循以下几个原则:①模型计算的最小时间步长不能太小;②要能够合理地模拟接头位置的动力学特性;③模型总体单元数不能过大。如图 4.3 所示,本章的管片拼装衬砌建模方法可以简要总结如下。

混凝土管片采用 8 节点实体单元建模,对应的材料参数为:杨氏模量 34.5GPa,密度 2500kg/m³、泊松比 0.2。为了更好地模拟接触面、管片上的凸台以及衬垫等厚度较小的结构细节处,采用更为精细的壳单元(单元尺寸为 1/2 倍附近的实体单元)划分,同时,虽然壳

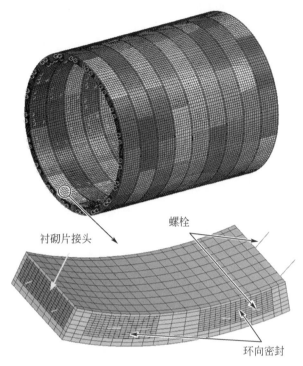

衬砌片接头　　　螺栓　　　环向密封

图 4.3　管片拼装隧道建模方法

单元厚度不影响最小时间步长,但需要设置考虑由接触导致壳单元厚度变化的关键字。

通过梁单元来模拟连接螺栓,其材料参数设置为:杨氏模量 210GPa,密度 $7850\mathrm{kg/m}^3$、泊松比 0.3。梁单元的两端节点通过约束方程的形式近似的与一系列衬砌单元节点耦合。

由于防水橡胶垫圈以及定位杆等细节对接头的刚度影响较小,同时,这些细节会大大降低计算时间步长,因而,在有限元建模时忽略了这些细节。

如上所述,管片式衬砌的刚度特征与连续管结构的刚度特征大不相同,并受到隧道接头形式和拼装方式的明显影响。特别是对于错缝拼装隧道,不同衬砌环中的管片接头存在着位置差异,当其中一环的接头发生转动,则相邻环的衬砌也必然发生变形,因而,受力管片的一部分弯矩则传递到了相邻衬砌环上,这种弯曲传递效应大大增加了拼装结构的整体刚度。

由于环向和纵向接头承担着衬砌环间以及管片间传递轴力、弯矩和剪力的作用,它们的性能在很大程度上决定了整体隧道的性能。在后续章节中,将分别分析长江西路隧道管片接头以及环间接头的力学性能,尤以管片接头的弯曲刚度和环间接头的剪切刚度为重点。具体方法是将有限元计算结果与相关试验以及理论分析结果进行对比和验证。

2. 管片接头刚度分析

简化地看,弯矩作用下的管片接头其实质是一具有承载极限的铰链,即相当于扭转弹簧的作用。弯矩通过接触面上的偏心力(环向)传递,而剪力的传递则通过管片间的接触摩擦作用。

在许多文献中,就有关于管片接头旋转刚度的讨论,其中采用较多的是 Janssen 提出的等效梁理论。Janssen 将管片接头等效为夹在两块管片之间的梁,加载初期,梁上只产生由于环向力产生的压应力,因为接头未张开,所以无拉应力产生,而此时的弯矩大小可以按照梁的弯曲理论求解。伴随着弯矩的增加,当压应力不能继续保持在所有的接触面上时,接头张开,而接头张开段的压应力为0,随着张开量不断扩大,接头的非线性特性开始显现。按照此假设,管片接头的弯矩 M 和转角 θ 的关系可按式(4.8)描述:

$$M=\begin{cases} \dfrac{Eh^2b}{12}\theta, & \theta<\dfrac{2N}{Ebh}（线性）\\[3mm] \dfrac{Nh}{2}\left(1-\sqrt{\dfrac{8N}{9bhE\theta}}\right), & \theta\geqslant\dfrac{2N}{Ebh}（非线性）\end{cases} \tag{4.8}$$

式中,N 为接头处的正压力大小;h 为接头高度;b 为接头的接触面宽度;而 E 代表接触材料的弹性模量。

此外,根据 Gladwell 的平板非对称压入半平面的相关接触理论,也能推导出两块平板相互接触时的弯矩和转角关系。此时,随着弯矩的加大,需要在接触面上假设非线性的应力分布。相对于上面的线性分布,按照此假设得到的接头刚度要略大,而接触应力主要分布在接触区域的边缘。以此假设为基础推导的弯矩-转角关系(M-θ):

$$M=\begin{cases} \dfrac{\pi Eh^2b}{32(1-\nu^2)}\theta, & \theta<\dfrac{8N(1-\nu^2)}{\pi Ebh}（线性）\\[3mm] \dfrac{Nh}{2}-\dfrac{2(1-\nu^2)N^2}{\pi bE\theta}, & \theta\geqslant\dfrac{8N(1-\nu^2)}{\pi Ebh}（非线性）\end{cases} \tag{4.9}$$

式中,ν 为泊松比;其他参数的含义同式(4.8)。

本章研究中,参考文献[151]的试验设置,并选取邻接块 L2 和标准块 B7 间的接头作为研究对象,建立了相应的有限元仿真模型,其建模方法与图 4.3 的介绍相同。对应的试验和仿真条件设置参见图 4.4。接头处的耦合面采用面-面接触进行模拟,其静、动摩擦系数分别设置为 0.6 和 0.5。防水垫圈和定位杆、槽的影响忽略不计。最后,在接触面附近断面定义了积分面以输出弯矩情况。

图 4.5 显示了仿真、试验以及理论公式得到的长江西路隧道管片接头弯矩-转角曲线对比情况。图 4.6 显示了由仿真得到的不同载荷阶段管片接头接触界面上的接触压强分布情况。如定性分析的那样,整个弯矩-转角曲线可以大致分为两段,即线性和非线性两个阶段。当弯矩较小时,压力布满了整个接触面,弯矩作用仅仅造成较小的转角,没有缝隙产生,且刚度变化基本呈线性变化趋势。当外侧的接触压力逐渐变为 0 时,缝隙产生,转角加大,而自此时起,接头刚度变小,呈现出非线性变化趋势。

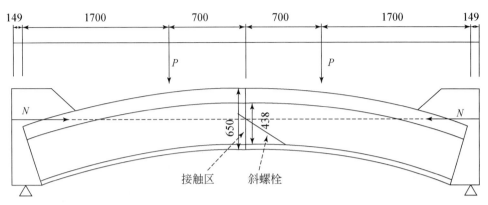

图 4.4　管片接头试验设计(单位:mm)

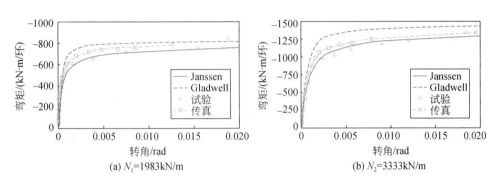

(a) $N_1 = 1983$kN/m

(b) $N_2 = 3333$kN/m

图 4.5　有限元计算所得不同正压力情况下的弯矩-转角曲线与试验结果及对比

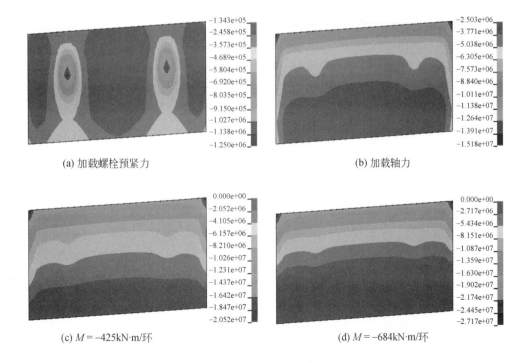

(a) 加载螺栓预紧力

(b) 加载轴力

(c) $M = -425$kN·m/环

(d) $M = -684$kN·m/环

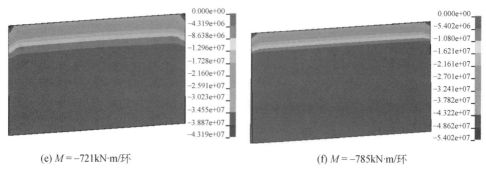

(e) $M = -721\text{kN·m/环}$ (f) $M = -785\text{kN·m/环}$

图 4.6   不同载荷阶段接触压强分布

3. 环间接头刚度分析

对于环间接头,往往设置了由特殊材料制成的传力衬垫,两环间还需要有较好的啮合,使得传力区域在指定范围内,保证衬砌不发生破坏。当相邻两环衬砌发生不同形态的变形时,将会在环间接头处产生耦合作用力(环间剪切力),从而起到传递环间弯矩的作用,并限制不协调变形的发生。环间接头的实质是当其中一环的管片接头达到其承载极限时,通过环间的剪切作用将部分弯矩传递给相邻的衬砌环,从而增强隧道衬砌的整体刚度。因此,环间接头接触面的剪切效应是研究环间接头特性的重点。

同上,参考文献[151]中的试验设置,建立衬砌环间剪切试验仿真模型。试验和有限元分析的设置见图 4.7。在有限元仿真模型中,采用两参数的 MOONEY-RIVLIN 材料模型来模拟衬垫的丁腈橡胶材料。该模型中,应变能密度 W 的定义如下:

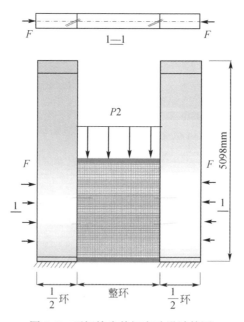

图 4.7   环间接头剪切实验设计简图

$$\begin{cases} W=A(I-3)+B(II-3)+C(III^{-2}-1)+D(III-1)^2 \\ C=0.5A+B \\ D=\dfrac{A(5\nu_p-2)+B(11\nu_p-5)}{2(1-2\nu_p)} \end{cases} \quad (4.10)$$

式中，ν_p 为泊松比；I、II 和 III 为 Cauchy-Green 张量的第一、第二和第三不变量；$2(A+B)=G_p$（弹性剪切模量）。

事实上，两个参数的比值 B/A 主要影响橡胶材料的非线性特性，可以根据相关实验数据，由反分析方法得到。本节的有限元模型中，主要的参数取值为：$B=2A=20$MPa，$\nu_p=0.49$。根据试验结果的校验和修正，在环间接头接触面位置的静、动摩擦系数分别取 0.62 和 0.55。

图 4.8 显示了不同轴向力 F（千斤顶残留顶力）时，有限元计算得到的环间接头抗剪曲线与试验结果对比。剪力作用初期，衬砌间的相对错动非常小；但随着剪切载荷的增加，衬垫逐渐进入塑性区域，剪切位移也随之逐渐增大；当超过其最大抗剪能力后，接头进入塑性阶段，错动急剧增大。整个剪力错动曲线的变化过程与 Gijsberg 等[152] 和 Cavalaro 等[153] 的试验结果极为类似，但还有些细微差别。

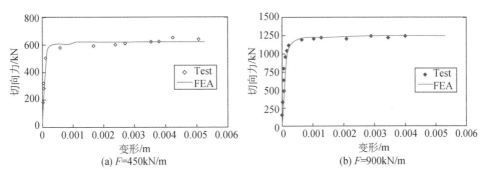

(a) $F=450$kN/m　　　　　(b) $F=900$kN/m

图 4.8　有限元分析与试验得到的环间接头剪力-错动曲线对比

在 Gijsberg 等[152] 和 Cavalaro 等[153] 的试验中，当接头进入屈服阶段后，剪切力略有降低，这主要是由于接触过程中，滑动摩擦系数比静摩擦系数略小，该阶段的剪切力降低主要反映了这一细微的变化。而在本节介绍的试验和有限元模型中，考虑了螺栓对整个环间抗剪作用的影响，因而在进入衬垫的屈服阶段后，随着错动位移的增加，剪切力还略有增加。

4. 衬砌有限元模型验证

本小节通过参考现有上海某隧道整环试验[151,154] 来验证管片式衬砌有限元模型的有效性。如图 4.9 所示，整环试验试件由宽各为 1m 的上半环和下半环，以及夹在它们中间的一整环衬砌组成。隧道所受的载荷采用 44 组稳定布置在衬砌外侧的千斤顶进行等效加载。对应的有限元仿真模型如图 4.10(a) 所示，模型中载荷的施加形式与对应的实验相同。根据等效载荷的分布情况，千斤顶顶力可对称的分为 4 组，如图 4.10(b) 所示的 $P1$、$P2$、$P3$ 及 $P4$。类似的，竖向载荷也采用 44 组置于上半环的千斤顶加载，以模拟隧道的纵向力。具体的试验布置和参数设置见文献 [151] 和[154]。

(a) 整环试验测试现场

B6U		B5U		B4U	B3U		B2U		B1U		L1U		FU	L2U		B7U	
270°		225°		180°		135°		90°		45°		0°			315°	270°	
B4	B3		B2		B1		L1	F		L2		B7		B6		B5	B4
B6L		B5L		B4L	B3L		B2L		B1L		L1L		FL	L2L		B7L	

(b) 衬砌布置

图 4.9　上海某隧道整环试验[151]

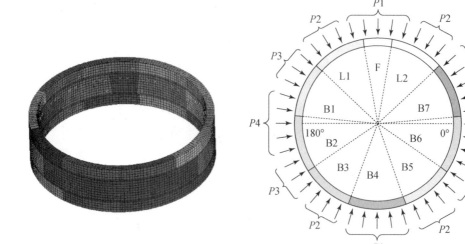

(a) 用于验证的拼装衬砌有限元模型　　　　(b) 试验中衬砌所施加载荷分布(中间环)

图 4.10　拼装衬砌环有限元模型及试验载荷分布

　　衬砌整环试验和对应的有限元仿真工况设置见表 4.1。由试验和仿真得到的衬砌环变形情况对比如表 4.2 所示。整体上,仿真得到的变形情况略大于试验结果,而总体的变形趋势二者基本相同。考虑到整环试验设置的复杂性,整个仿真结果和试验结果的偏差尚处在可接受的范围内,本章所建立的拼装衬砌有限元模型基本可以反映衬砌结构的刚度特征,更为重要的是,该结果也验证了建模方法的合理性。

表 4.1 每环衬砌上的等效载荷设置

工况	覆土厚度/m	侧压力系数	$P1$/kN	$P2$/kN	$P3$/kN	$P4$/kN	垂向力/kN
1		0.72	630	578	537	574	1500
2	15.0	0.70	630	570	530	558	1500
3		0.68	630	562	522	542	1500
4		0.72	1120	985	923	990	3000
5	29.4	0.70	1120	980	913	970	3000
6		0.68	1120	970	903	946	3000

表 4.2 衬砌环直径变形

工况	90°～270°直径变形/mm		0°～180° 直径变形/mm	
	试验 ΔD_v	FEA$\Delta D_v'$	试验 ΔD_l	FEA$\Delta D_l'$
1	8.0	8.8	4.2	4.9
2	8.9	10.2	4.8	5.4
3	11.0	12.6	7.1	8.5
4	14.7	16.7	7.5	9.0
5	18.3	21.3	11.3	12.9
6	25.7	26.2	17.3	17.7

在进行隧道衬砌等效参数确定之前,还有一个值得探讨的问题。在不同的环向正压力或轴向力作用下,衬砌接头的刚度特性各有不同,而等效模型只能对应一种刚度特性,不能计入非线性因素的影响。同时,由土体和地下水压力引起的隧道环向应力也随着位置的不同而产生变化,从而导致不同位置的接头呈现出不同的力学特性。千斤顶工作后留下的残余顶推力将对隧道环间接头产生明显影响,因而也需要合理的考虑。

然而,从分析结果来看,在线性阶段,正压力或轴向力并未对管片接头以及环间接头刚度产生较大影响。同时,所有的试验和仿真都是在没有考虑周围土体和注浆影响下进行的,衬砌间可以任意活动。事实上,当衬砌布置好后,由于注浆和周围土体压力以及残留的轴向顶推力,衬砌间较大的相对变形被严重制约,同时,衬砌局部变形也被管片间的相互作用大大协调。因此,当衬砌相对变形未达到非线性阶段时,弹性阶段的刚度基本可以反映衬砌的等效整体特性。

因此,在进行等效分析时,首先必须选择一组具有代表性的接头受力状态。本节中,根据长江西路隧道的设计情况,选取了中等水平埋深隧道衬砌受力状态进行等效分析,具体如下:隧道环向正压力 $N=2660$kN/m,轴向力 $F=675$kN/m。

4.2.3 盾构隧道参数静力等效数值模拟

本节以上海某长江隧道的三维精细有限元模型为基础,设计了横向和纵向两种等效数值模拟,如图4.11所示,分别获取盾构隧道确定的横向和纵向刚度折减系数,进而确定正交各向异性模型的参数。

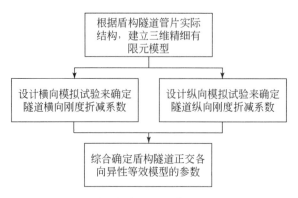

图 4.11　盾构隧道正交各向异性等效模型参数确定方法

1. 横向等效数值模拟

1)横向等效数值模拟模型

横向模拟试验拼装模型为全面反应错缝拼装九种不同封顶块位置,取九环衬砌管片。由于不同试验工况,模拟试验结果差别较大。本次试验工况尽可能模拟隧道真实环境条件,采用土层-结构法建立隧道周围覆土模型,土层横向宽度取隧道直径的6倍,深度取隧道直径的8倍,纵向宽度与衬砌九环宽度一致。同时建立相同尺寸的横向模拟试验连续模型,其中,土体模型与拼装模型相同,只是将拼装衬砌模型替换成连续化衬砌模型,弹性模量取为管片原始混凝土的弹性模量,模型如图4.12所示。隧道与土体间建立动态罚函数接触。

(a) 拼装模型　　　　　　　　　　　　　(b) 连续模型

图 4.12　横向模拟试验模型

2)横向等效数值模拟加载方式

横向试验管片外部覆土高度根据真实情况沿隧道纵向取五组不同高度,大小分别为20m、25m、30m、35m、40m,并且以20m覆土为计算模型,覆土载荷由边界载荷等效替代。土体底部设置全约束,四周设置法向约束,如图4.13所示。模型沿纵向载荷不变,纵向仅错缝连接对横向产生影响,而试验中错缝连接方式已确定,因此认为此横向试验中纵向物理参数不对试验结果造成影响。

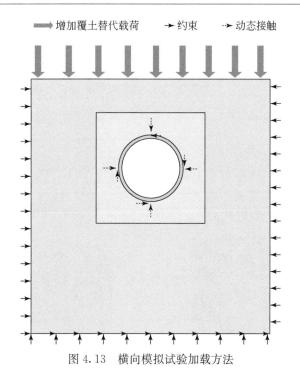

图 4.13　横向模拟试验加载方法

3)横向刚度折减系数计算方法及结果

　　首先,分别对拼装模型和连续模型进行加载数值仿真,获得在一组载荷作用下,加载载荷与管片变形(以管片竖直直径变化量作为管片变形的指标)的相互关系,拟合得到载荷与变形关系直线的斜率 k_p(拼装模型)和 k_c(连续模型)。引入横向刚度折减系数初始值 η_{h0}:

$$\eta_{h0} = \frac{k_c}{k_p} \tag{4.11}$$

　　然后,将 η_{h0} 作为横向刚度折减系数的初始值,采用局部优化方法,对连续模型中衬砌的横向参数进行折减,进行相同加载条件的数值模拟,获得载荷与变形关系的斜率,使得连续模型与拼装模型的斜率误差最小,最终确定横向刚度折减系数 η_h。

　　横向模拟试验五组载荷与衬砌环变形情况如图 4.14 所示,横轴表示覆土厚度,纵轴表

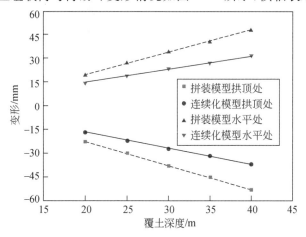

图 4.14　横向模拟试验载荷与变形关系

示衬砌圆环直径的竖向变形,取为九环衬砌的均值。拼装模型与等效模型均表现出线性关系,根据两模型变形曲线斜率关系,得到的横向刚度折减系数的初始值 η_{h0} 为 0.73,最终值 η_h 为 0.718。以最终值 η_h 作为折减系数折减计算连续模型,得到的载荷与衬砌环变形关系与拼装模型的比较如图 4.14 所示,二者误差很小,说明该折减系数的可靠性。

2. 纵向等效数值模拟

1)纵向等效数值模拟模型

与横向模拟试验相同,为尽可能模拟隧道真实环境条件,纵向模拟试验同样采用土层-结构法,为更好地模拟衬砌管道弯曲效果,纵向模拟试验拼装衬砌取 18 环衬砌管片。纵向模拟试验的拼装模型和连续模型如图 4.15 所示。

(a) 拼装模型　　　　　　　　　　　　　　(b) 连续模型

图 4.15　纵向模拟试验模型

2)纵向等效数值模拟加载方式

纵向模拟试验模型一端固定,在土层上表面沿纵向加渐变的均布力,模拟实际情况中的侧向不均匀土压,如图 4.16 所示。纵向等效试验中,连续模型的横向参数采用 4.2.2 节中

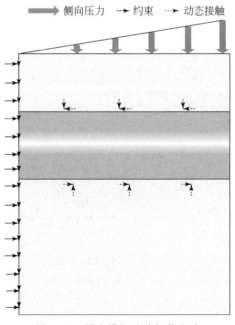

图 4.16　纵向模拟试验加载方式

得到的横向刚度折减系数 0.718 进行折减。为了更真实地模拟隧道的实际纵向受力载荷,纵向模型试验中的最大载荷 P_{max} 根据地质水文资料中,地表有突变位置的横断面处覆土载荷的最大变化量来确定,本试验取 $P_{max}=1800\text{N}$。

3)纵向刚度折减系数计算方法及结果

首先,分别对拼装模型和连续模型进行加载数值仿真,获得在一组载荷作用下,加载载荷与管片变形(以管片轴心偏移量作为管片变形的评价指标)的相互关系。由于结构产生弯曲变形,载荷与变形为非线性关系,因此不能进行线性拟合。当载荷为零时显然变形也为零,因此采用离散点比值的方法,近似描述两曲线之间关系,引入纵向刚度折减系数优化初始值 η_{z0}。

$$\eta_{z0} = \frac{1}{6}\sum_{i=1}^{6}\frac{n_{ci}}{n_{pi}} \tag{4.12}$$

式中,n_{ci} 和 n_{pi} 分别为连续模型和拼装模型的第 i 个数据记录点数值,各数据记录点初始数值见表 4.3。

表 4.3　数据记录点初始数值

数据点	1	2	3	4	5	6
n_c	0.0545	0.129	0.2168	0.3096	0.4012	0.49
n_p	0.11	0.285	0.479	0.661	0.824	0.963

然后,将 η_{z0} 作为纵向刚度折减系数的初始值,采用局部优化方法,对连续模型中衬砌的纵向参数进行折减,进行相同加载条件的数值模拟,获得载荷变形关系,使连续模型与拼装模型的变形误差最小,最终确定纵向刚度折减系数 η_z。

纵向试验载荷与衬砌环轴心偏移情况如图 4.17 所示,图中横轴表示 18 环衬砌圆环沿轴向间隔三环所在的记录点,纵轴表示衬砌环轴心偏移量。根据计算结果得到的纵向刚度折减系数的初始值 η_{z0} 为 0.477,最终值 η_z 为 0.52。以最终值 η_z 作为折减系数折减计算连续模型,得到的载荷与衬砌环变形关系与拼装模型的比较如图 4.17 所示,二者误差很小,说明了该折减系数的可靠性。

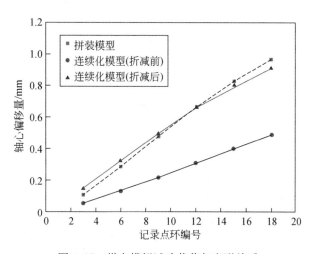

图 4.17　纵向模拟试验载荷与变形关系

3. 确定正交各向异性材料参数

建立盾构隧道三维精细有限元模型,通过对模型进行两组等效数值模拟试验,得到了盾构隧道正交各向异性等效模型的横向刚度折减系数 η_h 为 0.718,纵向刚度折减系数 η_z 为 0.52。因此,得到正交各向异性等效模型的参数如表 4.4 所示。

表 4.4　隧道正交各向异性等效模型参数

E_r/GPa	E_θ/GPa	E_z/GPa	$\upsilon_{r\theta}$	υ_{rz}	$\upsilon_{\theta z}$	$G_{r\theta}$/GPa	$G_{\theta z}$/GPa	G_{zr}/GPa
25.8	25.8	18.7	0.2	0.2	0.2	11.5	8.32	8.32

4.2.4　盾构隧道参数模态等效数值模拟

1. 基于优化技术的正交各向异性参数识别方法

最优化问题在工程技术、生产管理、物理和力学等领域都有着广泛的应用背景。统计平均结构 RVE 力学性质识别过程的反问题也可以转化为最优化问题,即优化一组名义材料参数,以最好的反映该结构的力学属性。将反映材料力学性质的 n 个参数作为设计变量,并用向量 $\boldsymbol{X}=[x_1,x_2,x_3,\cdots,x_n]$ 表示,同时设计变量还需满足各自的约束条件 $\underline{x}_i \leqslant x_i \leqslant \overline{x}_i$, $i=1,2,3,\cdots n$。从而,问题有以下数学表达:

$$F_o=F_o(\boldsymbol{X})$$

$$\begin{cases} g_i(\boldsymbol{X}) \leqslant \overline{g}_j, & i=1,2,3,\cdots,m_1 \\ \underline{h}_i \leqslant h_i(\boldsymbol{X}), & i=1,2,3,\cdots,m_2 \\ \underline{k}_i \leqslant k_i(\boldsymbol{X}) \leqslant \overline{k}_i, & i=1,2,3,\cdots,m_3 \end{cases} \quad (4.13)$$

其中,m_1、m_2 和 m_3 为常数;上划线和下划线分别代表上、下界;目标函数 F_o,状态变量 g_i、h_i 和 k_i 为设计变量 x_i 的线性或非线性函数。

为了确定这些独立的材料常数(优化设计变量),结构 RVE 的模态属性常被当做目标函数,振动模态是一个结构所固有的整体动力特性,是结构质量和刚度分布的综合体现。如图 4.18 所示,本节通过对结构 RVE 及对应连续模型的有限元模态分析来确定大型正交异性结构的等效材料参数。首先,通过模态分析确定结构精细 RVE 模型的动态特性;其次,通过有限元模态分析技术提取等效连续模型的模态特性,并不断优化和更新等效模型中的材料参数,直至等效模型与精细 RVE 模型的模态特性有较好的吻合。若能将有限元分析技术与优化分析有机结合,则可通过一系列的有限元模态分析和优化过程确定反映结构整体属性的材料参数。

因此,采用两种模型的低阶共振频率作为目标函数:

$$F_o = \sum_{i=1}^{n} w_i \left(\frac{f_i - \overline{f}_i}{\overline{f}_i} \right)^2 \quad (4.14)$$

式中,$\overline{f}_i$ 为精细 RVE 模型的低阶固有频率;f_i 为对应等效模型的低阶固有频率;w_i 为考虑模态影响因子的权重系数。

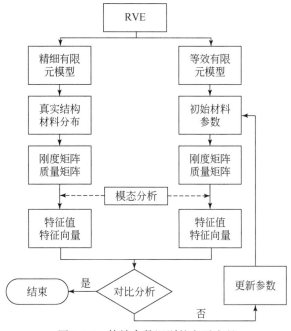

图 4.18　等效参数识别的主要流程

　　根据模态叠加法的基本思想,所关注的结构动态响应可能跟结构的某些固有振型相关性更高,在兼顾所有共振频率的前提下,对重点关注的模态频率施加更高的权重因子,能获得较好的等效动力响应结果。而等效的结构材料参数则作为仿真的设计变量。

　　针对最优化数学问题,有许多相关理论和方法可采用。为了能够将有限元分析计算和优化分析过程结合起来,本书拟采用 ANSYS® 提供的优化软件包进行目标函数的最小化(材料参数优化)。通过其提供的参数化编程语言(ANSYS® parametric design language, APDL),可将有限元模态分析和最优化分析过程进行无缝对接,而不用考虑那些复杂的参数匹配过程。ANSYS® 优化工具箱提供多种设计工具和两种最优化方法(sub-problem 方法和 first-order 方法)来解决参数最优化问题[155]。

　　设计工具不直接进行参数的最优化计算,但是它们能帮助设计者更好地了解设计空间和因变量的变化特性。换言之,设计工具帮助设计者更好地了解设计变量对目标函数的影响程度,从而更好地给出设计变量的初值和设计空间。

　　sub-problem 方法可以看成是一种高级的零阶方法,该方法只需要用到因变量(目标函数和状态变量)本身,而不需要计算其导数。其主要思路是采用最小二乘法给出这些变量的近似拟合,采用罚函数方法将约束最小化问题转化为无约束问题。

　　首先,为目标函数和所有的状态变量设置一近似值,用"^"标志:

$$
\begin{cases}
\hat{F}_o(\boldsymbol{X}) = F_o(\boldsymbol{X}) + \mathrm{error} \\
\hat{g}_i(\boldsymbol{X}) = g_i(\boldsymbol{X}) + \mathrm{error} \\
\hat{h}_i(\boldsymbol{X}) = h_i(\boldsymbol{X}) + \mathrm{error} \\
\hat{k}_i(\boldsymbol{X}) = k_i(\boldsymbol{X}) + \mathrm{error}
\end{cases}
\tag{4.15}
$$

对上述函数,可采用线性拟合、平方拟合,也可以采用加交叉项进行拟合。以目标函数

为例,最复杂的拟合形式为平方项加交叉项,表达式可写为

$$\hat{F}_o = a_0 + \sum_{i=1}^{n} a_i x_i + \sum_{i=1}^{n} \sum_{j=1}^{n} b_{ij} x_i x_j \tag{4.16}$$

可以通过加权最小二乘法来计算拟合参数 a_i 和 b_{ij}。例如,目标函数的加权最小二乘误差为

$$L^2 = \sum_{j=1}^{n_d} \varphi^j (F_o^j - \hat{F}_o^j)^2 = S(a_0, a_1, \cdots, a_i, b_{ij}) \tag{4.17}$$

式中,φ^j 为第 j 次仿真循环的权重系数;n_d 为所有的仿真循环次数。

求 L^2 的极值,即求解式(4.18)即可得 a_i、b_{ij}。

$$\frac{\partial S}{\partial a_i} = 0, \quad \frac{\partial S}{\partial b_{ij}} = 0 \tag{4.18}$$

类似的,最小二乘法也可以用到其他相应的状态变量中。当每次优化迭代循环结束时,都要进行收敛检查,当满足所设置的收敛准则时,循环结束。

一阶(first-order)优化方法则不同于零阶方法,该方法通过计算因变量针对设计变量的导数在设计空间内寻找优化方向,以达到最优化的目的。每一次迭代包含几次子循环过程,包括对梯度和搜索方向的计算。换言之,每一次的一阶优化迭代计算需要进行多次的子循环计算。因此,一阶方法比零阶方法对计算资源的消耗更大。

一阶方法通过对目标函数添加罚函数将约束问题转化为非约束问题,并利用目标函数和优化变量罚函数的导数在设计空间进行搜索。转化为无约束条件问题后的目标函数形式如下:

$$Q(x, q) = \frac{F_o}{F_o^0} + \sum_{i=1}^{n} P_X(x_i) + q \left[\sum_{i=1}^{m_1} P_g(g_i) + \sum_{i=1}^{m_2} P_h(h_i) + \sum_{i=1}^{m_3} P_k(k_i) \right] \tag{4.19}$$

式中,Q 为无量纲的无约束目标函数;P_X、P_g、P_h 和 P_k 分别为设计变量 $\boldsymbol{X}$、状态变量 g、h、k 的约束罚函数;F_o^0 为从当前所有设计序列中选取的参考目标函数值;q 为控制约束函数的响应面参数。

对于每一优化计算步 j,需要首先求解优化设计向量 $\boldsymbol{d}^j$,下一迭代的设计变量取值为

$$\boldsymbol{X}^{j+1} = \boldsymbol{X}^j + s_j \boldsymbol{d}^j \tag{4.20}$$

式中,s_j 为对应于搜索方向 $\boldsymbol{d}^j$ 的关于求解目标函数 Q 极值搜索控制参数。

搜索方向由目标函数对于设计变量的最大梯度来确定。假设目标函数 Q 的梯度向量存在,近似地用式(4.21)求解:

$$\frac{\partial Q(\boldsymbol{X}^j)}{\partial X_i} \approx \frac{Q(\boldsymbol{X}^j + e\Delta \boldsymbol{X}^j) - Q(\boldsymbol{X}^j)}{\Delta X_i} \tag{4.21}$$

其中,e 为单位向量,对于初始迭代步 $j=0$,d^0 是无约束目标函数梯度的反方向:

$$\boldsymbol{d}^0 = -\nabla Q(\boldsymbol{X}^0, q) \tag{4.22}$$

对于 $j > 0$ 时的后续迭代步,通过 Polak-Ribiere 递推公式[156]来求解下一步的搜索方向:

$$\boldsymbol{d}^j = -\nabla Q(\boldsymbol{X}^j, q) + r_{j-1} \boldsymbol{d}^{j-1} \tag{4.23}$$

其中,

$$r_{j-1} = \frac{[\nabla Q(\boldsymbol{X}^j, q) - \nabla Q(\boldsymbol{X}^{j-1}, q)]^{\mathrm{T}} \nabla Q(\boldsymbol{X}^j, q)}{|\nabla Q(\boldsymbol{X}^{j-1}, q)|^2} \tag{4.24}$$

当满足目标函数的收敛容差或达到所设置的最大迭代步数时,优化进程结束。

比较而言,零阶优化方法的计算量小,不容易得到局部极小值,但精度稍低;而一阶优化方法计算量较大,容易得到目标函数的局部极值,但是精度较高。因而,在实际工程应用中,常常将两种方法结合使用,以发挥它们各自的优势。

2. 等效正交各向异性参数识别

采用一段长 36m(18 环)的盾构隧道衬砌模型作为优化等效参数的 RVE,精细衬砌管片模型和等效模型中单元材料坐标系定义见图 4.19。

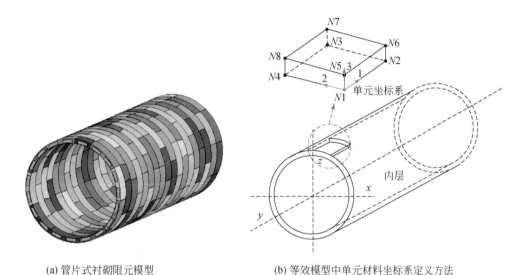

(a) 管片式衬砌限元模型　　　　　　　(b) 等效模型中单元材料坐标系定义方法

图 4.19　精细衬砌管片模型和等效模型中单元材料坐标系定义

整个参数优化过程可分为以下几个主要步骤:

(1)在反分析方法中,合理的初始值设置有利于加快优化设计过程,同时避免优化结果落入局部极值区间。所以,参数确定的第一步是,通过优化软件包研究设计变量对优化目标函数的影响,并给出合理的优化初值。本书设置的优化初值见表 4.5 中第一行。

本书中用模型的固有频率来定义目标函数,等效模型的模态频率关于各名义参数的一阶导数,往往被称作灵敏度,是优化设计中的重要参数。灵敏度参数反映了设计变量与优化目标函数之间的相关程度。同时,这些参数也有利于最小优化循环次数的确定。图 4.20 为在表 4.5 的初值设置条件下,几个材料参数(E3 除外)对模型几个一阶振型频率的灵敏度矩阵。可以明显看出:在几个优化设计参数之中,弹性模量常数 E_1、E_2,剪切模量 G_{12} 以及泊松比 ν_{12} 对模型的一阶模态影响更为显著。故而,优化设计时,可以优先对这几个参数进行优化,从而减少迭代计算的次数。

(2)通过 sub-problem 和 first-order 方法对 4 个影响较大的材料参数进行优化,获取最优值。

(3)通过其他一些高阶模态确定剩余的材料参数。

(4)盾构隧道在地震载荷作用下,其主要的变形形态可概括为以下三种:断面受压不均后的椭圆变形(ovalling)、轴向的拉压(compression/extension)和弯曲(bending)作用[157]。

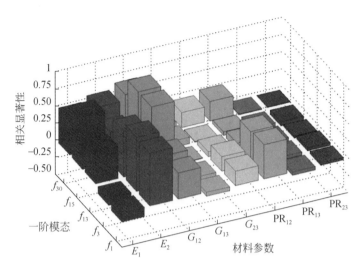

图 4.20　8 个材料参数对于 5 个一阶模态频率的灵敏度矩阵

基于"模态叠加法"的思想,在必要的时候,可以对影响这几个模态形式(一阶压缩模态、一阶拉伸模态、一阶弯曲模态)的材料参数进行微调。表 4.5 显示了优化过程中每一步得到等效材料参数情况。

表 4.5　优化过程确定等效弹性常数

参数	E_1/GPa	E_2/GPa	ν_{12}	G_{12}/GPa	E_3/GPa	ν_{13}	ν_{23}	G_{13}/GPa	G_{23}/GPa
初始值	13.00	25.00	0.300	4.50	34.5	0.20	0.20	12.00	18.00
sub-problem	12.74	26.17	0.312	4.75	—	—	—	—	—
first-order	12.76	26.35	0.312	4.76	—	—	—	—	—
修正结果	12.8	26.0	0.315	4.70	34.5	0.05	0.20	16.00	18.00

表 4.6 显示了等效模型在优化各步的模态频率和管片拼装模型求解得到的模态频率对比。两种模型还有个别模态频率尚不能较好的对应,这可能是由于两种模型之间在力学特性上的固有细微差别造成的。但是,反映两种模型整体动力学特性的低阶模态上,两种模型间达到了较好的吻合,三个最关注模态的对比情况见图 4.21。一般来讲,结构的整体动力特性主要以低频的贡献为主,根据动力学求解中模态叠加法的思想,可以认为:通过优化过程得到正交各向异性材料参数对隧道衬砌结构进行等效建模,可以较好地反映整体隧道动力响应特性,为准确分析结构动力响应打下了良好基础。

表 4.6　计算得到的隧道衬砌模态频率

频率/Hz	f_1	f_2	f_3	f_4	f_5	f_6	f_7	f_8	f_9	f_{10}
拼装模型	**5.588**[#]	**5.592**[#]	5.679	5.685	10.863	10.867	15.325	15.338	15.835	15.876
优化等效模型	**5.646**[#]	**5.646**[#]	5.705	5.705	10.670	10.670	15.882	15.882	15.948	15.948
校正等效模型	**5.605**[#]	**5.605**[#]	5.664	5.664	10.662	10.662	15.760	15.760	15.829	15.829

频率/Hz	f_{11}	f_{12}	f_{13}	f_{14}	f_{15}	f_{16}	f_{17}	f_{18}	f_{19}	f_{20}
拼装模型	17.728	17.792	**18.636**♦	**18.639**♦	18.954	20.205	20.219	22.725	22.816	26.987
优化等效模型	17.418	17.418	**18.850**♦	**18.850**♦	19.132	19.947	19.948	21.365	21.365	27.547
校正等效模型	17.324	17.324	**18.827**♦	**18.827**♦	19.023	19.910	19.910	21.299	21.299	27.482

频率/Hz	f_{21}	f_{22}	f_{23}	f_{24}	f_{25}	f_{26}	f_{27}	f_{28}	f_{29}	f_{30}
拼装模型	27.019	28.029	28.654	28.908	29.265	30.076	30.163	30.323	30.344	**30.829**[§]
优化等效模型	27.547	27.983	27.983	29.620	29.621	30.260	30.262	30.303	30.305	**30.673**[§]
校正等效模型	27.482	27.845	27.845	29.521	29.522	30.028	30.030	30.075	30.077	**30.705**[§]

注：♯.一阶挤压模态；♦.一阶弯曲模态；[§].一阶拉伸模态。

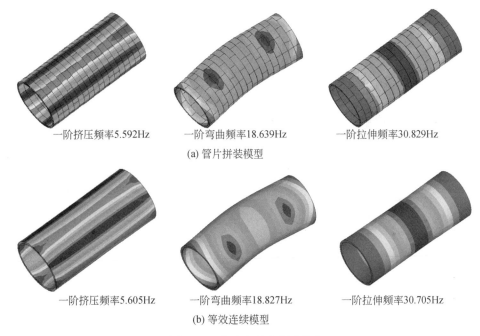

一阶挤压频率5.592Hz　　　一阶弯曲频率18.639Hz　　　一阶拉伸频率30.829Hz

(a) 管片拼装模型

一阶挤压频率5.605Hz　　　一阶弯曲频率18.827Hz　　　一阶拉伸频率30.705Hz

(b) 等效连续模型

图 4.21　关注的衬砌低阶模态

4.3　土层阻尼参数等效方法

4.3.1　等 效 流 程

对瑞利阻尼参数进行等效时,模型只考虑土体,不考虑隧道结构和内水,采用如图 4.22 所示的四个步骤进行分析:

(1)利用一维等效线性化软件计算土层地震响应。

(2)利用三维结构显示动力分析软件计算土层地震响应。

(3)寻找适当的瑞利阻尼参数。

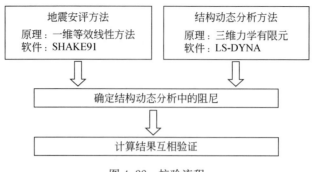

图 4.22　校验流程

（4）验证采用瑞利阻尼参数的三维非线性动力学软件计算结果与一维等效线性化软件计算结果一致，最终建立的三维非线性模型可以应用于流体-隧道结构-土体动力耦合系统地震响应分析。

4.3.2　阻尼参数等效

1. 一维线性化计算土层地震响应

根据流程首先进行 SHAKE91 计算，SHAKE91 是基于一维土层等效线性化的波动频域分析方法。其基本原理是在总体动力学效应大致相当的意义上，用一个等效的剪切模量和阻尼比代替所有不同应变幅值下的剪切模量 G 和阻尼比 ρ，如图 4.23 所示，将土体非线性问题转化为线性问题，利用频域线性波动方法求解。

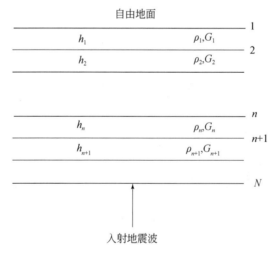

图 4.23　一维土层地震反应分析模型

计算中 SHAKE91 的 option 选项参数设置，其中输入 4096 个地震激励点、4096 个傅里叶变换点，$R_{\mathrm{f}} = \dfrac{M-1}{10} = 0.65$，迭代次数为 16。SHAKE91 输出各层土体的迭代后阻尼比、迭代后剪切模量以及表层土体和基岩的加速度时间历程。

2. 三维非线性计算土层地震响应

LS-DYNA 计算时,土体采用瑞利阻尼。确定瑞利阻尼系数,关键在于目标频率的选取,本书计算阻尼参数采用完整的瑞利阻尼公式:

$$C = \alpha M + \beta K \tag{4.25}$$

式中,α 和 β 分别为质量比例系数和刚度比例系数。在结构动力学计算中 α、β 可分别描述为

$$\alpha = \frac{2\omega_1\omega_2}{\omega_1+\omega_2}\xi, \quad \beta = \frac{2}{\omega_1+\omega_2}\xi \tag{4.26}$$

式中,ξ 为阻尼比;在工程计算中 α、β 可进一步简化为 $\alpha = \xi\omega$、$\beta = \xi/\omega$;ω 取第一阶自振频率 $\omega_1 = 2\pi f_1$,本书土体第一阶自振频率见表 4.7。

表 4.7　选取的目标频率

目标频率	频率/Hz
地震波傅氏谱的卓越频率 f_p	1.441
第一阶自振频率 f_1	1.17

本书选取方法如下:根据 α、β 的计算公式计算出相应的数值,得到理论瑞利阻尼系数如表 4.8 所示,施加到 LS-DYNA 中进行计算,并将计算结果和 SHAKE91 结果对比是否吻合,对个别土层不符合的情况相应地调整 α、β,通过对不同阻尼系数的自由场进行计算分析对比,最终确定 α、β 值。

表 4.8　土层阻尼系数

岩性	阻尼比 ξ	理论值		工程计算使用值	
		α	β	α	β
Q4 粉质黏土②3	0.036	0.26465	0.0049	0.1686	0.003768
Q4 细砂③1	0.084	0.61751	0.01143	0.3933	0.008791
Q4 粉质黏土④	0.089	0.65427	0.01211	0.416706	0.009314
Q4 粉质黏土⑤1	0.111	0.816	0.0151	0.519712	0.011617
Q3 细砂⑦2	0.085	0.62486	0.01156	0.397978	0.008896
Q3 微风化玄武岩⑨	0.071	0.52194	0.00966	0.332428	0.00743
	0.013	0.09557	0.00177	0.086953	0.000194

4.3.3　计算结果验证

采用 50 年超越概率为 3% 基岩加速度时程曲线,如图 4.24 所示。地震激励采用一致激励方式施加,即在整体模型底部节点施加加速度载荷。

1. 加速度时程

LS-DYNA 和 SHAKE91 计算得到的土体加速度时程曲线如图 4.25 所示,从对比的结

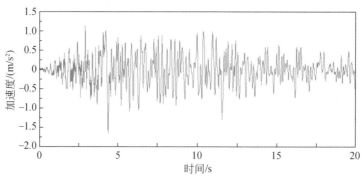

图 4.24　基岩加速度时程

果可以看出,两者的加速度时程曲线变化趋势基本一致,加速度幅值略有不同。

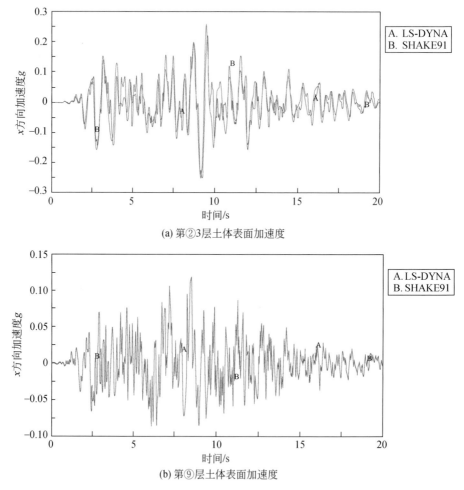

(a) 第②3层土体表面加速度

(b) 第⑨层土体表面加速度

图 4.25　LS-DYNA 和 SHAKE91 土体加速度时程曲线

　　比较 LS-DYNA 和 SHAKE91 各土体表层加速度峰值绝对值(表 4.9),可以看出,两者加速度峰值绝对值相对误差较小,均在 10% 以内。

表 4.9　各层土体表面加速度峰值绝对值

土层	加速度/g		相对误差
	SHAKE91	LS-DYNA	
②3	0.252314	0.259551	0.028685
③1	0.233772	0.215861	0.076614
④	0.154485	0.160714	0.040317
⑤1	0.134067	0.122385	0.087134
⑦2	0.128002	0.127309	0.005415
⑨	0.121019	0.127604	0.054414

2. 位移时程

LS-DYNA 和 SHAKE91 计算得到的土体位移时程曲线如图 4.26 所示,从对比的结果可以看出,两者的位移时程曲线变化趋势基本一致,当土层越来越靠近土体表面时,两者位移的相对误差逐渐增加。

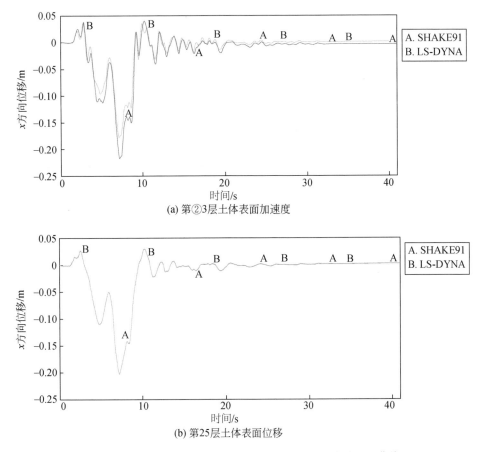

图 4.26　LS-DYNA 和 SHAKE91 各层土体表面位移时程曲线

比较 LS-DYNA 和 SHAKE91 各土体表层位移峰值绝对值,如表 4.10 所示。可以看出，当土层越靠近土体表面，两者位移峰值绝对值的相对误差逐渐增大。同时可以看出，SHAKE91 利用等效线性化方法计算得到的表层位移较 LS-DYNA 的结果偏大，这与王振华等[158]的 SHAKE91 相对于实测结果相比，其计算的地面反应偏大这一结论一致。

表 4.10　各层土体表面位移峰值绝对值

土层	位移/m		相对误差
	SHAKE91	LS-DYNA	
②3	0.217	0.1776	0.18157
③1	0.2158	0.1798	0.16682
④	0.214	0.1857	0.13224
⑤1	0.2105	0.1945	0.07601
⑦2	0.2049	0.2011	0.01855
⑨	0.203	0.202	0.00493

4.4　本章小结

根据盾构隧道的特点，提出了正交各向异性等效模型的建模方法，结合上海某长江隧道的工程实例说明了具体的建模过程及三维精细有限元衬砌模型与整环试验结果的吻合，证实了精细衬砌模型建模方法的可靠性；而等效模拟试验得到正交各向异性模型的参数，代入等效连续模型中得到的结果与精细拼装模型结果基本吻合，证实了等效模拟试验方法的可行性。通过该方法建立的盾构隧道正交各向异性模型，能在满足工程实际计算的情况下，同时考虑隧道横向和纵向的不同力学特性。

通过比较地震波作用下的土层反应时域与频域分析结果，发现采用完整瑞利阻尼公式，并选取土体的第一阶自振频率作为目标频率时，能够取得较好的结果。LS-DYNA 和 SHAKE91 的计算结果表明，本书的 LS-DYNA 模型可以很好地应用于土层自由场分析，因此，能够较准确地预测桩-土-结构动力相互作用下地震的响应分析。

第5章　工程场地地震响应并行计算的应用实例

5.1　引　　言

工程场地地震安全性评价的目标是估计未来一定时段内(工程)场地或区域遭受地震威胁的可能性及相应的程度及特性,包括地震动及地面破坏两方面的内容,为工程建设抗震设防及已有工程的抗震可靠性分析、建设规划和其他有关问题(如投资决策、地震保险)提供依据。它包括城市和小区、企业、厂矿新建、扩建和改建中的规划和建设场地,而且这里的"工程"不但包括人工建设工程,也包括与人类生产及生活相关联而被人类所利用和改造的自然体,如山坡、溶洞、河道、海岛等。

本章以上海某液化天然气工程接收站码头为例,说明工程场地抗震建模仿真过程及结果分析。本研究的主要内容和目的是:根据国家地震安全性评价的相关法规和要求,利用三维数值仿真方法,对上海某液化天然气工程接收站码头场地的地震动反应进行数值仿真,分析工程所在区域中岛屿和海底地形对地震动的放大效应,为工程抗震设计提供设防依据。

5.2　场地地震响应系统全三维非线性数值建模

5.2.1　场地情况简介

上海某液化天然气工程接受站码头场地主要集中在 A 岛及 B 岛。考虑到在对场地进行数值分析的时候其周边地形的影响,几何模型包括场地工作范围五倍以内的区域。场地等高线如图 5.1～图 5.3 所示。

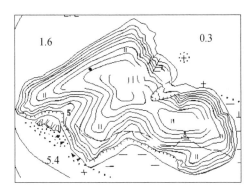

图 5.1　A 岛标高等值线地形图

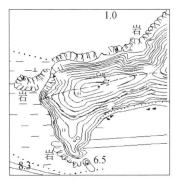

图 5.2　B 岛标高等值线地形图

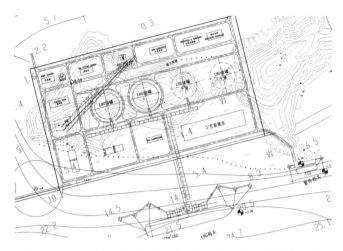

图 5.3　上海某液化天然气工程接收站码头场地总体规划平面图

5.2.2　场地三维几何模型建立

场地三维几何模型由 B 岛地表面、A 岛地表面及其附近海底表面、岛屿表面组成。场地三维几何模型的建立基于数值积分中插值原理。如果直接由等高线和等深线来生成曲面,生成的曲面会出现褶纹,不能准确描述场地三维几何模型。因此,从现场勘查到的标高等值线平面图(1∶3000)出发,得到一系列能描绘地形图的点;在取点的过程中,去掉生成曲线时容易产生曲率变化大的尖点,保留能充分表达地形大致趋势的重要数据点,如图 5.4 和图 5.5 所示。

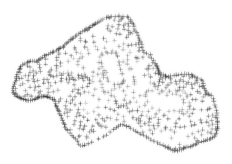

图 5.4　A 岛数据点(顶视图)

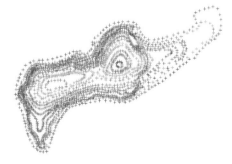

图 5.5　B 岛数据点(顶视图)

在等高线平面图中缺少 B 岛东部区域部分数据,该数据由熟悉此处地形的甲方提供。然后,基于最小二乘法原理拟合出曲线,这些曲线与平面图中相应等值线形状相似,但是曲线光滑;如果曲线的阶次过高,则曲面过“硬”,在由点生成曲线时容易出现高阶振荡现象,从而不能表达真实数据。而且最终的几何模型将用于数值分析,数值分析软件一般只接收最高为三次的曲线,因此,曲线的阶次超过三次毫无意义。考虑到曲线应具备的光滑程度以及能表达真实数据的能力,取曲线的阶次为三次。最后得到表达两个岛的曲线,如图 5.6 和图 5.7 所示。

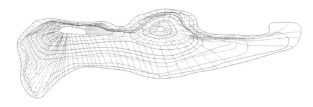

图 5.6　A 岛曲线表达　　　　　　　　　　图 5.7　B 岛曲线表达

考虑到建模以及数值分析的原因,需要修改曲线的比例尺。CAD 软件中基本单位有英寸和毫米两种,前面的点、曲线模型都是采用毫米单位;模型最终用于数值分析,如果模型采用 1:1 的比例尺,建模的时候占用较大内存,给操作带来不便,而且如果模型采用 1:1000 的比例,则在数值分析时只需要将模型尺寸单位设定为米而不必改变模型大小就可以进行分析;另外,每条等高线的距离是 5m,采用 1:1000 的比例尺之后,由平面图生成三维图的过程中只需要将等高线上移 5 个单位即可。

基于上述原因,最终生成的三维模型比例尺采用 1:1000。对每一条曲线的局部进行修改,由修改后的曲线拟合出整个曲面模型,该曲面大致经过每一条曲线。A 岛、B 岛及整个曲面模型分别如图 5.8~图 5.11 所示。

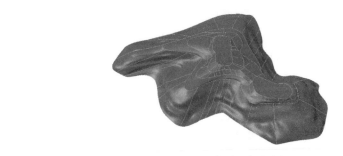

图 5.8　A 岛曲面侧视图

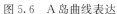

图 5.9　A 岛曲面前视图

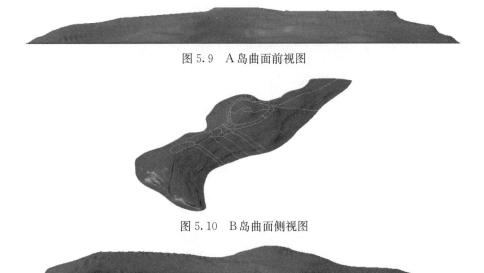

图 5.10　B 岛曲面侧视图

图 5.11　B 岛曲面前视图

5.2.3　场地地质材料分层曲面建立

地质材料分层曲面是在甲方提供 20 个数据点的基础上建立。在甲方提供的数据基础上，分层曲面就是泥土层与岩石层的分界面，岛内泥土层厚度为 2m，水域泥土层由以下数据点信息确定，表达格式 $\{$水深(m)，泥土层厚度(m)，$X,Y,Z\}$，坐标原点位于场地西南角上。

1 号钻孔$\{9.90,36.90,1882.9,237.7,-2.8\}$

2 号钻孔$\{16.68,44.48,2063.1,284.6,-17.1\}$

3 号钻孔$\{19.30,39.80,2291.3,236.1,-15.1\}$

7 号钻孔$\{17.00,3.20,2516.4,309.4,23.7\}$

ZK1 号钻孔$\{5.00,17.50,2564.5,505.8,23.9\}$

ZK3 号钻孔$\{6.00,28.40,2301.2,398.6,18.9\}$

L6 钻孔$\{15.80,56.20,1511.7,605.5,-28.0\}$

D29 钻孔$\{13.50,53.56,148.4,715.8,-23.1\}$

L7 钻孔$\{18.98,58.98,1421.1,821.5,-33.8\}$

L8 钻孔$\{17.87,58.27,1665.3,924.1,-32.1\}$

以上数据点可经过插值，建立出三次的曲面。

5.2.4　场地有限元模型

本模型全部采取 8 节点六面体单元来划分网格，如图 5.12～图 5.17 所示，共划分单元数 406000，节点数 423957。在划分单元时，对场地所在区域及其领域进行细化，对其余区域进行逐层稀疏，控制整个模型的单元数量，并严格控制单元的各个质量参数，以形成高质量的有限元模型。

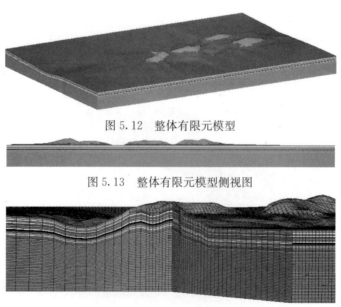

图 5.12　整体有限元模型

图 5.13　整体有限元模型侧视图

图 5.14　整体有限元模型剖面图

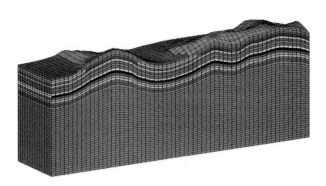

图 5.15　上海某液化天然气工程接收站码头场地及其邻域的有限元模型

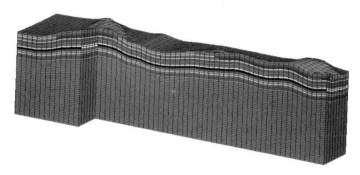

图 5.16　上海某液化天然气工程接收站码头场地及其邻域的有限元模型剖面图

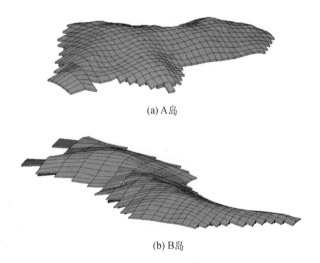

(a) A岛

(b) B岛

图 5.17　有限元模型

对上海某液化天然气工程接受站码头场地区域及其邻域的网格进行细化,得到单元形状为规则的六面体单元数为 42000,节点数为 46665。

按照上面的单元高度原则,对有限元单元进行分层并给每层赋予不同的材料特性。参数选择见表 5.1。

表 5.1　P 波场地分层材料特性

海域中各土层材料特性				
土层	深度/m	平均密度/(g/cm³)	泊松比	动杨氏模数/kPa
淤泥黏土层	0~10	1.73	0.47	125066
粉质黏土层	10~15	2.03	0.48	214222
硬塑黏土	15~20	1.98	0.479	329668
黏土	20~25	1.99	0.477	393130
陆域各土层材料特性				
岩层	0~5	2.7	0.31	2014271
	5~10	2.7	0.31	2902427
	10~15	2.7	0.3	9010908
	15~20	2.7	0.295	11691434
	20~25	2.7	0.29	13184004
	25~30	2.7	0.294	14184277
	30~35	2.7	0.288	13249382
	35~40	2.7	0.274	14612105
	40~45	2.7	0.272	14860258
	45~50	2.7	0.304	15090721
	50~55	2.7	0.274	14899360
	55~60	2.7	0.25	14668880
	60~65	2.7	0.25	14350476
	65~70	2.7	0.26	14427098
	70~75	2.7	0.255	14152643
	75~80	2.7	0.258	14029632
	80~85 及以下	2.7	0.279	14189627

5.3　工程场地地震响应分析

5.3.1　场地地震荷载

上海地区抗震设防烈度为 7 度,在进行场地地震动力响应分析时,按建筑场地类别和设计地震分组。在模拟计算中,选用场地地震安全性评价报告给出的基岩加速度时程曲线:50 年超越概率为 1% 和 100 年超越概率为 1% 两条基岩加速度时程曲线,作为主要分析地震激励。

5.3.2　典型地点加速度时程

通过三维有限元时域计算分析,得到了各超越概率不同区域大量地表时程,以下给出部分典型的时程。

根据业主要求和《工程场地地震安全性评价技术规范》(GB 17741—2005),对接收站码头区域进行地震小区划。规范中第 14.1.3 款规定:"相邻两区或两等值线的差别宜为 20%~25%"。

计算区域内不同部位的地震动参数总体上差别不是很大,按照上述规定,我们不给出差别不大、形态过于复杂的等值线。由于超越概率较多,又有水平向和垂直向,数据量巨大,范围的表示比较复杂。为使用方便,我们按设备划分区域。这样,特定设备可以方便地查到各自的设计地震动参数。

建筑及设备编号如图 5.18 所示,分区与设备编号如表 5.2 所示。

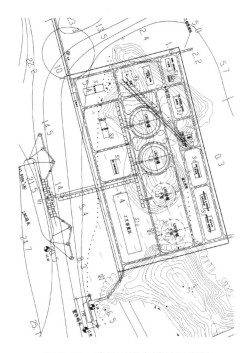

图 5.18 建筑及设备编号示意图

表 5.2 设备分区

区号	设备编号
L1	S1 S2、S3、S6、LA、LB、LC
L2	S4、S5、S7、S8、S9、S10 、LD
L3	M1

1. P 波典型地点加速度时程

图 5.19 和图 5.20 分别是在 50 年 1‰P 波加速度时程激励和 100 年 1‰P 波加速度时程激励下,L1、L2、L3 三个区域加速度时程响应。

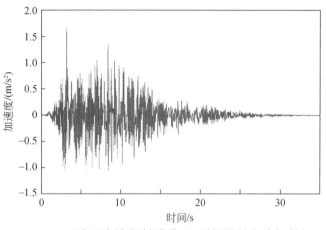

(a) 50年1%加速度时程激励下L1区典型测点加速度时程

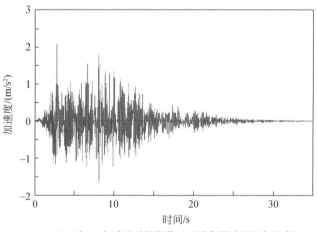

(b) 50年1%加速度时程激励下L2区典型测点加速度时程

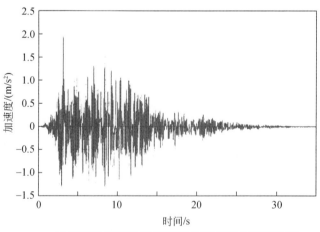

(c) 50年1%加速度时程激励下L3区典型测点加速度时程

图 5.19　50 年 1％加速度时程激励下典型测点加速度时程

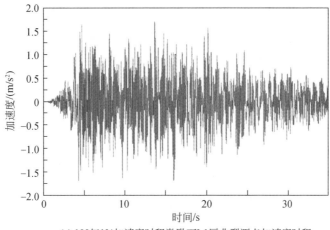

(a) 100年1%加速度时程激励下L1区典型测点加速度时程

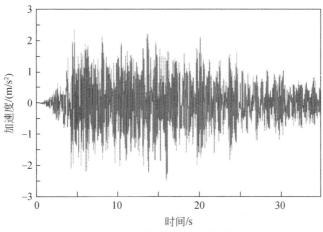

(b) 100年1%加速度时程激励下L2区典型测点加速度时程

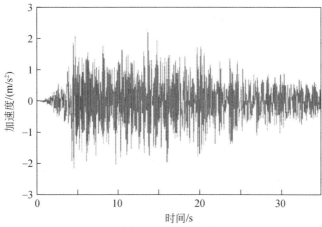

(c) 100年1%加速度时程激励下L3区典型测点加速度时程

图 5.20 100 年 1‰ 加速度时程激励下典型测点加速度时程

2. SV 波典型地点加速度时程

图 5.21 和图 5.22 分别是在 50 年 1‰SV 波加速度时程激励和 100 年 1‰SV 波加速度时程激励下，L1、L2、L3 三个区域加速度时程响应。将图 5.21、图 5.22 和图 5.19、图 5.20 中的 P 波进行对比，可以发现 SV 波造成的各区加速度响应均比 P 波响应值大。

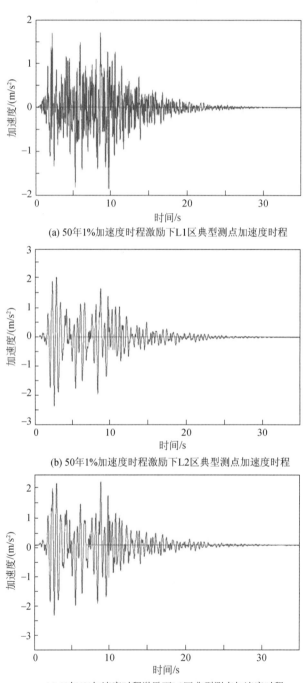

(a) 50年1%加速度时程激励下L1区典型测点加速度时程

(b) 50年1%加速度时程激励下L2区典型测点加速度时程

(c) 50年1%加速度时程激励下L3区典型测点加速度时程

图 5.21　50 年 1% 加速度时程激励下典型测点加速度时程

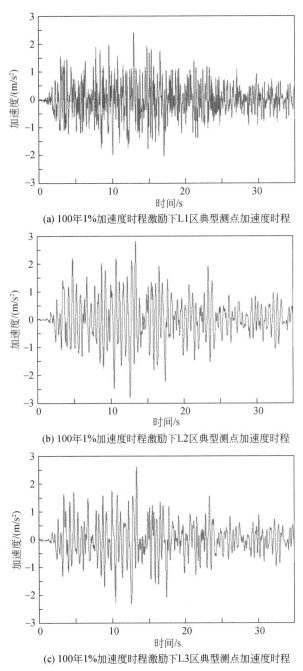

(a) 100年1%加速度时程激励下L1区典型测点加速度时程

(b) 100年1%加速度时程激励下L2区典型测点加速度时程

(c) 100年1%加速度时程激励下L3区典型测点加速度时程

图5.22　100 年 1%加速度时程激励下典型测点加速度时程

5.3.3　场地地表峰值加速度等值线

1. P 波地表峰值加速度等值线

图 5.23 为 P 波激励下场地地表加速度峰值等高线。可以看出,在 50 年 1%加速度时程

激励和 100 年 1‰ 加速度时程激励下,等值线分布规律基本一致,均在场地岛屿和海底低洼处形成等高线最大值和最小值。

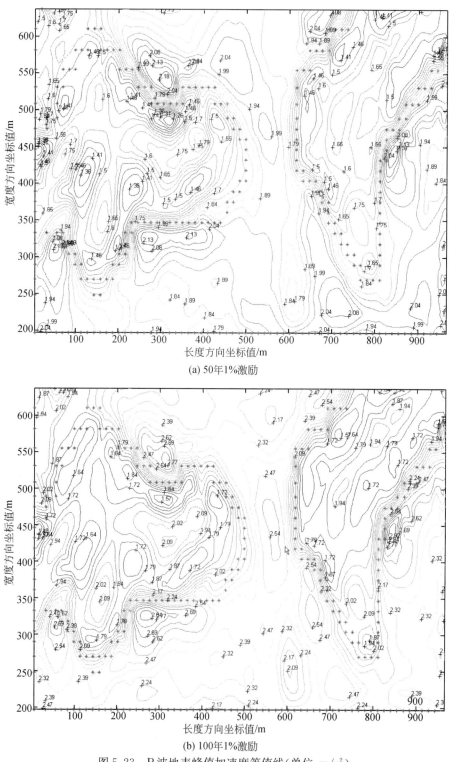

(a) 50年1‰激励

(b) 100年1‰激励

图 5.23　P 波地表峰值加速度等值线(单位:m/s²)

2. SV 波地表峰值加速度等值线

图 5.24 为 SV 波激励下场地地表加速度峰值等高线。可以看出,在 50 年 1‰加速度时程激励和 100 年 1‰加速度时程激励下,等值线分布规律基本一致,均在场地岛屿和海底低洼处形成等高线最大值和最小值。

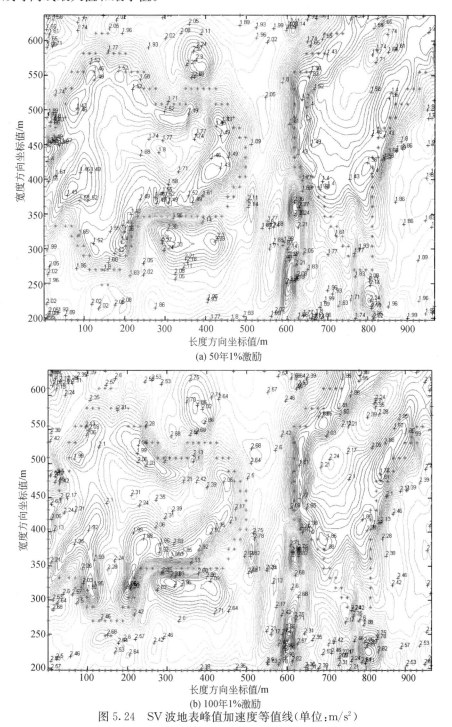

(a) 50年1%激励

(b) 100年1%激励

图 5.24　SV 波地表峰值加速度等值线(单位:m/s²)

5.4　本 章 小 结

　　本章针对上海某液化天然气接收站码头抗震分析项目,进行了工程场地抗震分析。根据实际工程图纸,基于数值积分中插值原理,建立 A 岛、B 岛地表面和附近海底表面三维几何模型。由此进一步通过有限元离散建立岛屿和地层构成的场地三维非线性模型。在工程场地精细有限元模型的基础上,采用动力时程分析方法对场地进行地震响应分析。选取结构响应较大的地震波作为输入激励,地震烈度包括 50 年超越概率 1‰ 和 100 年超越概率 1‰ 两组。按照激励方式不同,计算工况包括 P 波和 SV 波激励两种。

　　本章主要针对不同工况下,对场地三个区域典型测点进行地震响应加速度时程分析,同时对整个场地加速度响应峰值等高线进行分析,了解地表地形对地震加速度响应的影响,为场地抗震设计及安全评估提供了参考。

第6章　海岸工程地震响应并行计算的应用实例

6.1　引　言

　　海岸工程建设项目是指位于海岸或者与海岸连接,工程主体位于海岸线向陆一侧,对海洋环境产生影响的新建、改建、扩建工程项目。主要包含:港口、码头、航道、滨海机场工程项目;滨海火电站、核电站、风电站;海岸防护工程、砂石场和入海河口处的水利设施;滨海物资存储设施工程项目等。世界各大陆板块在沿海地区形成一系列的地震带,极易引起巨大的地震灾害,例如,2006年印尼地震、2011年日本地震,均造成沿海重要设施的损坏。海岸防浪堤作为海岸防护工程的典型形式,对沿海港口、电站、机场、物资存储设施具有重要的防护作用,其结构抗震安全性研究非常重要。

　　本章采用拟实建模方法、并行计算技术,对防浪堤在超强大地震作用下的动态响应进行仿真模拟,分析防浪堤在超强地震发生时可能发生破坏的模式和位置,分析影响防浪堤抵御超强地震能力的主要因素及规律,分析比较提高防浪堤抵御超强地震的多种措施。下面以浙江沿海某核电站防浪堤为例,说明防浪堤抵御超强地震建模仿真过程及结果分析。

6.2　防浪堤地震响应系统三维非线性数值建模

6.2.1　防浪堤有限元模型

　　图6.1为浙江沿海某核电站一期防浪堤总体布置图。

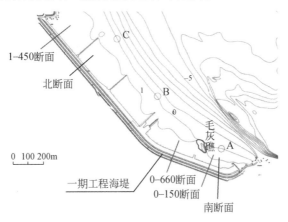

图6.1　浙江沿海某核电站防浪堤整体布置图

浙江沿海某核电站一期海堤工程,是浙江沿海某核电站一期工程重要配套项目。根据工程的重要性,海堤工程的等级为核Ⅰ级,海堤自东南向西北延伸,全长1818.9m[159,160]。图6.1中所示的0—150、0—660、1—450三个关键断面在形状上基本相同,差别在于1—450断面3m高平台长度为10m,其余两端面3m高平台长度为25m。图6.2所示为0—660断面形状。

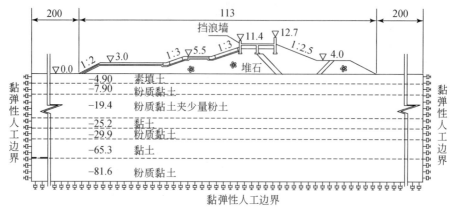

图 6.2 防浪堤结构标准断面(单位:m)

防浪堤有限元模型主要包括:堆石、填土、挡浪墙、干砌块石、C20混凝土预制块、镇脚、空心块以及土工织料等。建模过程中,首先建立各关键截面的平面有限元模型,如图6.3所示。

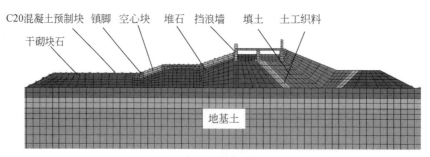

图 6.3 0—660 截面有限元模型

为了保证计算精度同时控制计算时间,需要对网格密度进行控制。需要指出的是为了更好的模拟防浪堤上弯矩,在防浪堤厚度方向上划分两层单元,并采用厚壳单元对其进行分析。在关键截面有限元模型的基础上,将其沿防浪堤轴线进行拉伸可得到防浪堤实体有限元模型,如图6.4所示。防浪堤在轴线方向上存在截面变化,在此进行放样操作,可得到防浪堤变截面三维实体有限元模型,如图6.5所示。据此可建立防浪堤三维实体有限元模型,如图6.6所示。

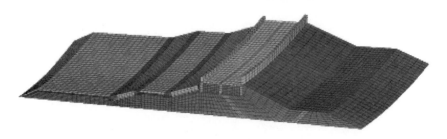

图 6.4 防浪堤局部实体有限元模型

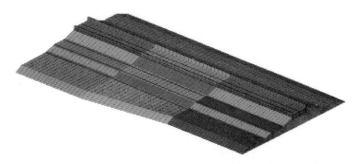

图 6.5　防浪堤局部变截面有限元模型

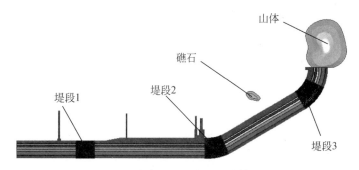

图 6.6　防浪堤三维有限元实体模型

防浪堤各组块所用材料及主要材料参数分别如表 6.1 和表 6.2 所示。

表 6.1　防浪堤各组块采用的材料

斜拉桥构件	材料
挡浪墙	无筋混凝土
理砌块石	石体
预制块体	C20 混凝土
碎石层	石体
压顶体	石体
四脚空心块	C35 混凝土
堆石	石体

表 6.2　防浪堤各组块主要材料参数

材料	密度/(kg/m^3)	弹性模量/(N/m^2)	泊松比
挡浪墙	2.4×10^3	2.00×10^{10}	0.15
理砌块石	2.3×10^3	7.00×10^{10}	0.23
预制块体	2.4×10^3	2.55×10^{10}	0.2
碎石层	1.6×10^3	6.00×10^{10}	0.3
压顶体	2.3×10^3	7.00×10^{10}	0.23
四脚空心块	2.3×10^3	2.55×10^{10}	0.25
堆石	2.0×10^3	5.00×10^{10}	0.3

6.2.2 土体有限元模型

防浪堤坐落在软黏土上,软土地基厚度不等。双龙岗至毛灰山约 370m 长区域,厚度为 25m 左右,毛灰山以西厚度加大,为 35～40m。两者滩地高程也不同,双龙岗侧最低处为 −1.50m 左右(黄海高程系,下同),其西高程为 0。根据前期地质勘查报告,可将沿岸地质条件分为三个区域,各区域典型断面土体分层情况如图 6.7 所示。

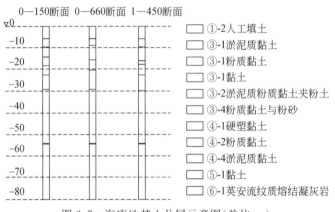

图 6.7　海床地基土分层示意图(单位:m)

土体有限元建模思路为将土体端面的平面网格沿隧道轴线拉伸,形成六面体实体网格。如图 6.8 所示为三个关键断面的土体网格,地震分析时,为保证计算精度而又不使计算时间过长,结合数值分析经验,取单元高度为

$$h_{\max} = \left(\frac{1}{5} \sim \frac{1}{8}\right)\lambda_s, \quad h_{\max} = \left(\frac{1}{5} \sim \frac{1}{8}\right)\frac{c_s}{f_{\max}} \tag{6.1}$$

式中,λ_s 为波长;c_s 为剪切波速;$f_{\max}$ 为最大波动频率。单元水平方向尺寸限制没有竖直方向严格,可根据经验选取。

图6.8　关键截面土体有限元网格

此外,为保证精度和计算效率,将土体分为核心土体和非核心土体组成的混合网格。最后经过对土体的分层操作,构建有限元模型。模型采用六面体实体单元;土层宽 1120m,深

200m，长约 2280m。图 6.9 和图 6.10 显示了土体有限元模型的局部和整体信息。

图 6.9　精细土体分层示意图

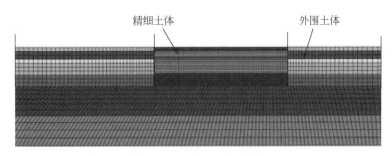

图 6.10　土体模型局部视图

在此次抗震分析中，地基土采用弹塑性本构关系来模拟材料的非线性特性，通过常见的土壤性能参数来定义屈服面，从而使土壤的变形形状更接近于真实情况。

防浪堤工程地质勘查报告指出，防浪堤地基土体在地震基本烈度为 7 度时不会发生液化，因此没有考虑地震过程中的地基液化问题。表 6.3 为转换后的岩土体材料参数。

表 6.3　岩土体材料参数

土层名称	湿密度/(kg/m³)	泊松比	黏聚力/kPa	内摩擦角/(°)	动剪切模量/MPa
堆石	2050	0.26	15.1	15.3	40.2
①-2 人工填土	1963	0.30	9.3	15.3	36.0
③-1 淤泥质黏土	1795	0.28	21.6	15.4	13.2
③-1 粉质黏土	1871	0.28	10.3	2.9	19.1
③-1 黏土	1864	0.26	22.9	8.0	17.8
③-2 淤泥质粉质黏土夹粉土	1808	0.24	12.8	24.1	20.1
③-4 粉质黏土与粉砂	1890	0.26	37.6	10.3	28.4
④-1 硬塑黏土	1990	0.26	47.8	22.0	37.6
④-2 粉质黏土	1920	0.33	16.1	12.6	52.5
④-4 淤泥质黏土	1829	0.30	36.7	19.0	172.8
⑤-1 黏土	2050	0.28	24.7	14.2	382.4
⑥-1 英安流纹质熔岩凝灰岩	2100	0.35	34.5	20.0	1016.5

6.3　防浪堤结构地震响应分析

6.3.1　防浪堤地震荷载

根据《核电站抗震设计规范》(GB 50267—1997)[161]及《水运工程抗震设计规范》(JTS 146—2012)[162]的相关规定,防浪堤属于Ⅰ类物项,应同时采用运行安全地震动(SL-Ⅰ)和极限安全地震动(SL-Ⅱ)进行抗震设计。本章中地震动输入分为三个等级:8级以上超强地震输入以及核电工程两级地震动安全校核,其中8级以上超强地震的加速度时程峰值为0.25g,安全校核时两级地震动加速度时程峰值分别为0.15g和0.1g。

地震动加速度输入在使用前需要进行调整,现以图6.11的SL-Ⅱ级地震动输入加速度时程为例进行说明。

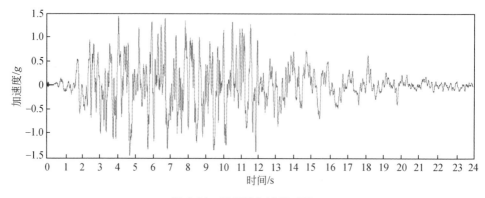

图 6.11　地震波加速度时程

1)滤波

由于地震波的最大频率对模型中网格尺寸的影响较大,最大频率越高,对满足精度要求的网格尺寸越小。因此,为适量增大网格尺寸,缩短计算时间,需要对地震波进行滤波处理,也就是把初始地震波中频率较高的成分去掉。

2)基线校正

地震作用下的动力计算分析中,通常采用的是加速度时程,受采集仪器低频噪声、环境背景信号等误差的影响,对初始加速度时程进行积分得到的速度和位移往往不为零,即所谓零线漂移。这样在动力计算结束时,模型底部还将出现残余的速度和位移,因此有必要对加速度时程进行基线校正。基线校正的方法是在原有的加速度时程上增加一个低频的波形(多项式或周期函数),目的是使积分后的速度和位移均为零。

6.3.2　超强地震输入动力响应分析

图6.12～图6.14为超强地震输入下,防浪堤震后沉降云图。可以看出,横波激励下防浪堤震后沉降的模式,堤顶挡浪墙最大沉降发生在0—660截面附近。

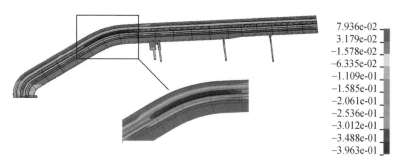

図 6.12　横波一致激励工况防浪堤沉降云图

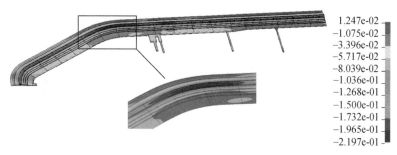

図 6.13　横波视波速 1000m/s 工况防浪堤沉降云图

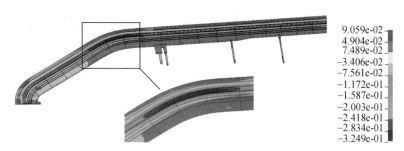

図 6.14　横波视波速 1500m/s 工况防浪堤沉降云图

　　如图 6.15 所示为横波激励下挡浪墙的震后沉降值,可以看出,横波一致激励下的挡浪墙最大沉降为 0.38m。与一致激励情况相比,在两个方向上考虑行波效应时,挡浪墙震后沉降明显减小,且随着地震波速的增大,开始逐渐增大,逐步逼近一致激励计算结果。0—660 区域地基强度相对较弱,所得挡浪墙最大沉降都发生在 0—660 截面附近,因此,在设计及施工过程中要对该区域地基进行局部处理。

　　基于弹塑性本构关系的一个显著优点就是能够直接计算得到结构的残余变形。篇幅所限,这里只列出一致激励及视波速 1000m/s 行波激励下,0—660 截面处的防浪堤系统的震后残余变形,如图 6.16 和图 6.17 所示。

　　可以看出,行波效应对防浪堤系统地震残余变形模式几乎没有影响,行波激励与一直激励下所得的残余变形模式基本一致,可描述为:地震作用下,地基软弱土层发生较明显的沉降及滑移变形,并逐渐引起堤顶挡浪墙出现沉降,内、外侧护坡结构发生明显滑移,防浪堤两侧坡脚处地面隆起。

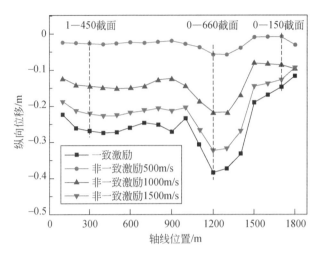

图 6.15　横波激励下挡浪墙震后沉降

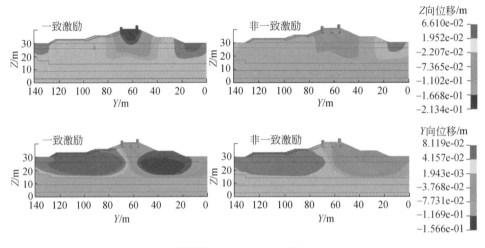

图 6.16　纵波输入 0—660 截面震后残余变形

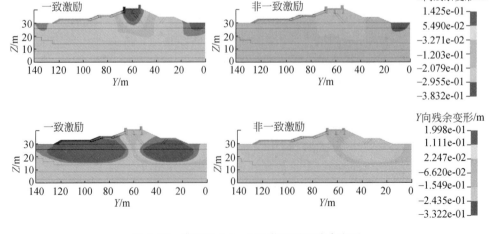

图 6.17　横波输入 0—660 截面震后残余变形

另外,不同方向的地震动输入下,防浪堤的残余变形模式也基本相同,只是横波地震动输入下引起的震后残余变形要大于纵波输入下的残余变形。

图 6.18 为 1000m/s 视波速横波非一致激励下防浪堤 0－660 截面上的弯矩时程。可以看出,地震刚开始时,一致激励在截面处所引起的弯矩大于行波激励下的结果。随着地震的进行,行波效应越来越明显,行波激励下的截面弯矩逐渐增大,并超过一致激励下的结果。

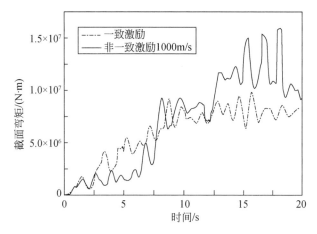

图 6.18　横波输入 0－660 截面弯矩时程

表 6.4 列出了各典型截面在不同激励方式下的弯矩响应峰值,可以看出,行波效应对截面的弯矩响应影响显著。视波速为 500m/s 行波激励引起的弯矩响应峰值比一致激励下所得的结果增大接近一倍,三个典型截面处的弯矩增大 72.3%～92.1%。随着视波速的增大,行波响应对挡浪墙截面弯矩的影响有减小的趋势,当视波速为 1000m/s 时,截面弯矩增大59.3%～71%。当视波速为 1500m/s 时,0－150 截面处的弯矩甚至较一致激励下略小,但其他两个截面处的弯矩依然呈增大趋势,为 10.5%～19.9%。在多数情况下,行波激励下的挡浪墙弯矩会比相应的一致激励下的响应大。

表 6.4　典型截面弯矩响应峰值比较

截面位置	0－150 截面	0－660 截面	1－450 截面
激励形式	横波激励	横波激励	横波激励
一致激励/(N·m)	$7.83×10^3$	$9.86×10^3$	$8.21×10^3$
500m/s/(N·m)	$14.51×10^3$	$18.78×10^3$	$14.15×10^3$
影响程度/%	85.3	90.5	72.3
1000m/s/(N·m)	$13.31×10^3$	$15.85×10^3$	$13.08×10^3$
影响程度/%	69.9	60.7	59.3
1500m/s/(N·m)	$7.35×10^3$	$10.96×10^3$	$9.84×10^3$
影响程度/%	−6.1	11.2	19.9

6.3.3　两级地震输入动力响应分析

1. 两级地震输入位移响应时程分析

由 6.3.1 节对防浪堤在超强地震动输入下的动力响应分析可知,0－660 截面区域为防浪堤的危险区域,因此本章将对 0－660 截面地震安全性进行重点分析。根据《核电站抗震设计规范》(GB 50267—1997)[161] 及《水运工程抗震设计规范》(JTS 146—2012)[162]的相关规定,防浪堤属于Ⅰ类物项,应同时采用运行安全地震动(SL-I)和极限安全地震动(SL-II)进行抗震校核。

防浪堤特定位置的水平和竖直方向的位移可以在一定程度上反映防浪堤的震后永久变形,并借此判断防浪堤两侧边坡的稳定性,当堤体及地基土的永久变形累积到一定程度时,防浪堤就会发生失稳破坏。另外,挡浪墙高程由于地震作用发生的沉降也对防浪堤的性能产生很大影响,需要在分析中特别关注。为了对防浪堤在地震过程中的位移响应及变形规律进行分析,取防浪堤及地基土体上若干关键点,如图 6.19 所示。

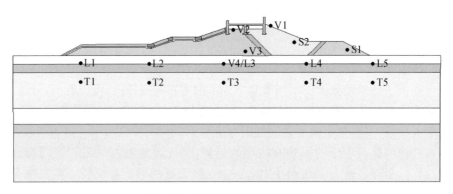

图 6.19　模型特征点位置示意图

图 6.20 为防浪堤底部个特征点在 SL-I 级地震激励下的水平和竖直位移响应。可以看出,底部各特征点分别向两侧产生滑移,背水侧水平位移明显较内水侧水平位移大,背水侧水平位移峰值为 0.116m,出现在地震发生后 17.7s 左右,地震结束时 L5 点水平位移为0.079m。内水侧水平位移峰值出现在 15.2s 左右,峰值水平为－0.061m,震后水平位移为－0.025m。从各点竖直位移响应中可以看出,防浪堤底部中间位置的竖直位移相对较大,即在地震过程中防浪堤中间位置发生了沉降。L3 点竖直位移在 12s 达到最大－0.02m,此后基本保持不变。内水侧坡脚点的竖直位移基本为零,没有在地震中发生沉降。背水侧坡脚的竖直位移在地震过程中反而略有增大,最大值为 0.01m,这是因为背水坡在地震过程中发生了较小的滑移。

图 6.21 为防浪堤底部个特征点在 SL-II 级地震激励下的水平和竖直位移响应。可以看出,与 SL-I 级地震响应相比,个特征点的位移时程变形趋势相同,只是位移幅值有明显增大。

一般认为,如果地震过程中防浪堤发生破坏,其滑移部分相对于不滑移部分必将产生较大的相对位移。取防浪堤前后坡脚处及其下部土体的 4 个特征点 L1、L5、T1、T5 作为关键控制点,各点相对同一高程上不滑点的水平位移时程曲线如图 6.22 所示。

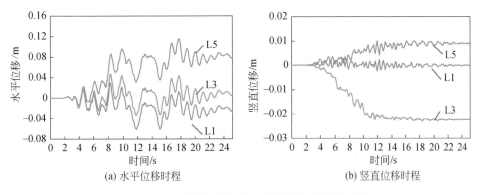

图 6.20　SL-Ⅰ级地震动防浪堤各特征点位移时程

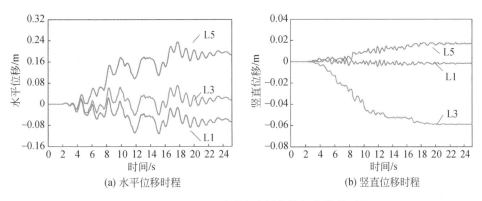

图 6.21　SL-Ⅱ级地震动防浪堤各特征点位移时程

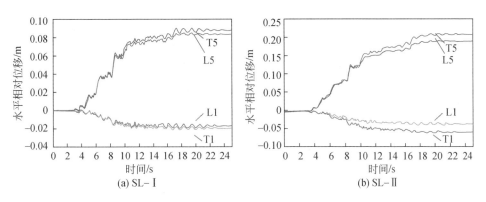

图 6.22　地震动输入下防浪堤各特征点相对位移时程

可以看出,防浪堤堆石体坡脚处的潜在滑移体分别向坡外侧发生滑移,且背水坡坡脚的水平相对位移明显大于向水坡脚。另外,各特征点的水平相对位移时程均随时间递增。输入地震动峰值出现在 5s 左右,此时各特征点在两种震级输入下的最大水平相对位移仅分别为 0.018m 和 0.042m,因此,可以判断防浪堤结构破坏不一定发生在地震波达到波峰的时刻。$t=16s$ 左右时,潜在滑移体产生相对较大的滑动,水平相对位移均达到峰值,并在随后的时间里基本保持不变。另外,两种震级输入下,背水坡角处特征点的相对位移均产生了几次突变,但由于突变幅值相对较小,结构是否整体失稳,还需要进一步的分析。

图 6.23 为 SL-Ⅰ级地震激励下,防浪堤竖直方向上各特征点的水平和竖直位移时程。可以看出,各点在水平方向均出现了一定程度的滑移,且各点的水平位移随着各点的高程增大而增大。从竖直位移时程可以看出,挡浪墙后侧发生了较大的沉降,其竖向位移明显大于其他特征点。挡浪墙发生沉降的原因在于,地震过程中防浪堤堆石体部分发生塑性变形,并分别向迎水侧和背水侧滑移。

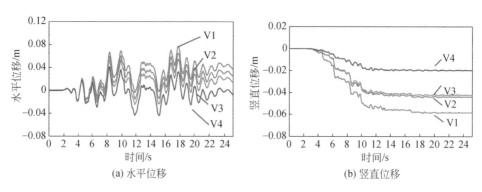

图 6.23　SL-Ⅰ级地震动防浪堤各特征点位移时程

图 6.24 为 SL-Ⅱ级地震激励下竖直方向各特征点的位移响应。对比图 6.23 和图 6.24 可以发现,随着输入震级的增大,防浪堤各特征点的响应并不是等比例放大的,这体现了防浪堤地震响应的强非线性。另外,从各点的竖直位移可以看出,挡浪墙后侧特征点在 SL-Ⅱ级地震输入下的沉降值达到−0.132m。

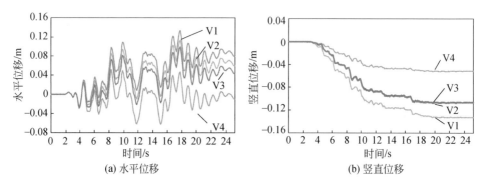

图 6.24　SL-Ⅱ级地震动防浪堤各特征点位移时程

2. 两级地震输入防浪堤震后沉降分析

图 6.25 和图 6.26 为 SL-Ⅰ级地震激励下不同时刻防浪堤水平及竖直位移云图,从图中可以进一步看出防浪堤在地震过程中的变化趋势。地震开始的前 12s,水平和竖直位移变化趋势比较明显。12s 后至地震结束的过程中,两个方向的位移分布趋势基本不变,位移幅值上略有变化。从变形模式上看,水平向地震动在水平方向引起防浪堤两侧坡脚及下部土体分别向两侧滑移,竖直方向的影响体现在防浪堤的整体沉降,最大沉降位移出现在挡浪墙处。

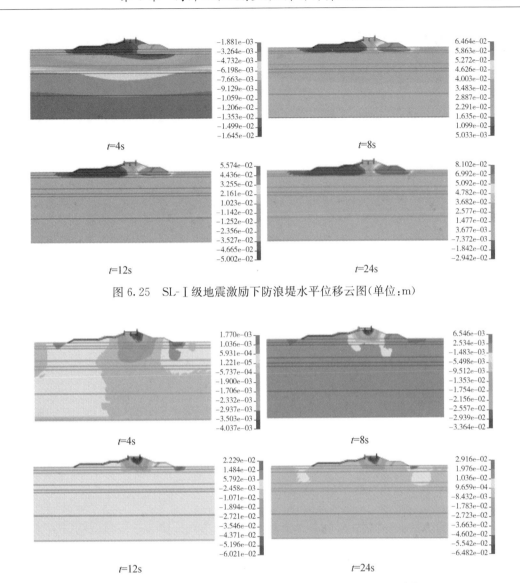

图 6.25　SL-Ⅰ级地震激励下防浪堤水平位移云图(单位:m)

图 6.26　SL-Ⅰ级地震激励下不同时刻防浪堤竖直位移云图(单位:m)

　　图 6.27 和图 6.28 为 SL-Ⅱ级地震激励下不同时刻防浪堤水平及竖直位移云图。防浪堤整体的变形与 SL-Ⅰ级激励下的变形趋势基本相同,幅值有所增加。水平方向上,地震结束时,防浪堤背水侧向后产生了 0.193m 的永久变形,迎水侧向前产生了 0.079m 的永久变形。竖直方向上,防浪堤中间部分发生沉降,地震结束时,竖直方向上的最大永久变形为 0.164m。

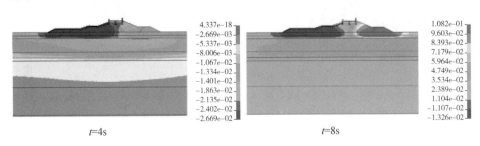

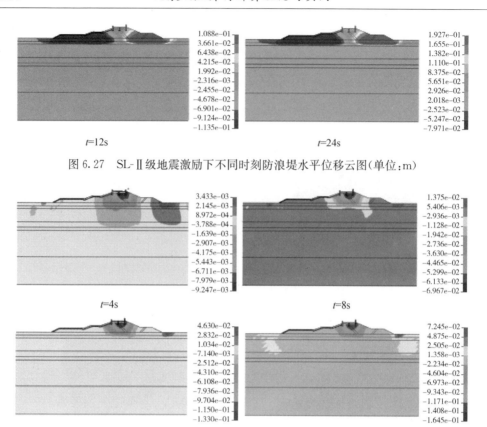

图 6.27　SL-Ⅱ级地震激励下不同时刻防浪堤水平位移云图(单位:m)

图 6.28　SL-Ⅱ级地震激励下不同时刻防浪堤竖直位移云图(单位:m)

3. 防浪堤抗震稳定性分析

本书确定的防浪堤抗震失稳判据为:滑移体上关键节点位移大于极限位移;超过某一幅值的广义剪应变增量形成贯通面。图 6.29 为防浪堤在极限状态下(折减系数 $K=1.49$)的位移场分布,最大位移为 0.646m。

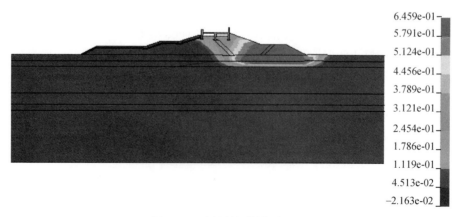

图 6.29　防浪堤极限位移云图

如图 6.30 所示为 SL-Ⅰ级地震动输入不同折减系数下防浪堤的位移云图，可以看出，随着折减系数的增大，防浪堤位移云图的形式几乎没有发生变化，但位移幅值明显增大。对比可以看出，地震动激励下的防浪堤内水侧位移明显增大，即防浪堤有向内水侧滑移的趋势。折减系数 $K=1.36$ 时，结构的最大位移已大于结构极限位移值，表明此时结构可能已经发生破坏。

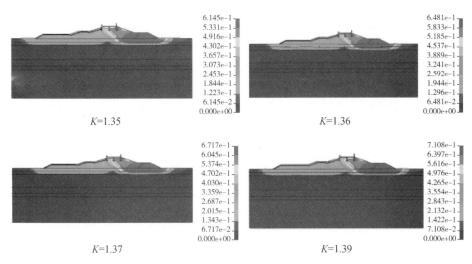

图 6.30　SL-Ⅰ级地震动输入不同折减系数下防浪堤位移云图

如图 6.31 所示为 SL-Ⅱ级地震动输入不同折减系数下防浪堤的位移云图，与 SL-Ⅰ级输入下的分析方法相同，可以看出，折减系数 $K=1.27$ 时，防浪堤的位移分布云图最大值已大于极限位移，且随着折减系数增大，位移进一步增大，表明当 $K=1.27$ 时防浪堤结构已经发生失稳破坏。

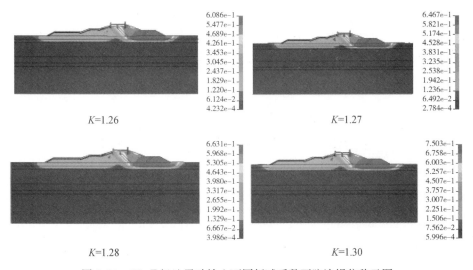

图 6.31　SL-Ⅱ级地震动输入不同折减系数下防浪堤位移云图

6.4　本章小结

　　本章针对浙江某沿海防浪堤结构抗震分析项目,进行了考虑土体-结构耦合作用的防浪堤结构抗震分析。根据防浪堤结构的复杂性,首先建立了防浪堤挡浪墙结构、防浪堤护面结构、填土结构和堆石结构的三维精细有限元模型,同时建立了防浪堤周边土体结构有限元模型,在防浪堤结构模型和土体有限元模型之间建立了土体-结构耦合模型。

　　在防浪堤地震响应系统三维非线性模型的基础上,本章对防浪堤在强震以及两级地震动输入下的动力响应进行了分析,并对防浪堤在两级地震动输入下抗震稳定性进行了分析评价。超强地震作用下,防浪堤最大震后沉降均出现在 0－660 区域。行波效应对防浪堤挡浪墙震后沉降影响显著,挡浪墙震后沉降随视波速的减小而减小。在进行挡浪墙震后沉降评定时,行波激励所得结果是偏危险的。防浪堤在两级地震动输入下的变形模式均体现为水平滑移和竖直沉降,防浪堤的数值沉降主要集中在防浪堤中间部分挡浪墙位置,由于防浪堤的主要功能为防止潮浪对核电站厂区设备构成威胁,因此在设计过程中对挡浪墙的地震沉降要予以重点关注。本章防浪堤结构地震响应数值模拟,较好的分析了防浪堤结构地震响应,为沿海防浪堤抗震设计及安全评估提供了参考。

第7章 隧道工程地震响应并行计算的应用实例

7.1 引　言

　　隧道工程早期应用于铁路隧道的建设,随着隧道挖掘技术的突破,以及经济发展过程中城市化规模的快速增长,隧道工程开始广泛应用于城市轨道交通、城市公路交通以及城市输水工程等工程建设。隧道工程建设改善了城市交通系统的结构和布局,加速了地区经济一体化,带动了全国经济发展,提升了国家的综合竞争力。对其进行地震响应数值仿真,确保隧道设计使用年限和抗震安全性具有重要的理论指导意义和实用价值。

　　本章以上海某大直径盾构隧道为例,介绍隧道抗震建模仿真过程及结果分析。首先建立了隧道衬砌结构、土体结构和工作井结构三维非线性有限元模型,结合土体-结构接触技术建立了土体-隧道耦合关系。然后以隧道抗震设计要求为依据,选取50年超越概率10%(中震)和50年超越概率2%(大震)两种地震烈度地震波作为激烈,对土体-隧道结构的一致激励地震响应和非一致激烈地震响应进行分析,同时针对不同激励方式下隧道地震响应情况进行了对比。本书由于采用接触模型实现土体-结构耦合效应,模拟土体-结构的相互挤压、滑移和脱离,真实反映土体-隧道相互作用。数值分析结果为隧道结构的抗震设计提供了技术支持。

7.2　隧道地震响应系统三维非线性数值建模

　　上海某隧桥工程全长25.5km,采用"南隧北桥"方案,即以隧道形式穿越长江口南港水域,以桥梁形式跨越长江口北港水域。其中,穿越南港水域的隧道全长8.95km,穿越水域部分达7.5km。隧道整体断面设计为双管隧道,两单管间净距约为16m,沿其纵向每隔830m左右设一条横向人行联络通道。单管隧道内径13.70m,外径15.0m,是世界上直径最大的盾构隧道[163,164]。单管隧道内部结构分上、下两层:上层为单向三车道高速公路,下层为轨道交通线路。隧道设计使用年限100年,抗震设防烈度为7度,位于长江入海口附近,地质情况非常复杂,而且属于典型的长、大隧道。

　　研究中的数值仿真模型由两个工作井、隧道衬砌结构、八个联络通道、车道板、牛腿、"口"形预制件、轨道整体道床等内部结构和土体模型构成。隧道模型采用非线性建模方法,按1:1的比例建模。并且依据真实情况还原隧道的空间走向和位置。建模过程首先建立三维隧道衬砌及内部结构的模型;然后以隧道与工作井的连接位置为基准建立工作井模型;最后以隧道外壁、工作井外壁、地表起伏特征、地质特征为基础建立具有分层特性的土体模型。

7.2.1　隧道三维有限元模型

隧道模型包含外部衬砌环,内部车道板、牛腿、"口"型预制件、轨道板等结构。隧道衬砌外径 15.0m,内径 13.7m,外部衬砌采用实体单元模拟,为更精细地模拟隧道衬砌力学特性,衬砌壁划分为三层单元。内部车道板宽 12.25m,布置 3 车道,车道板采用实体单元模拟,划分为两层单元。隧道衬砌和车道板连接处设置有牛腿结构。轨道板位于隧道底端,轨道板和车道板之间为"口"形预制件,隧道内部结构均采用实体单元模拟,图 7.1 为隧道精细有限元模型。

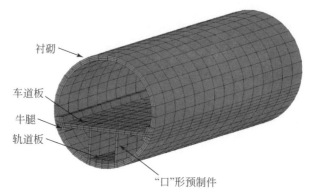

图 7.1　隧道精细有限元模型

隧道模型按照真实的空间走向和位置建模,双线全长 8.95km,图 7.2 为隧道局部有限元模型。隧道两端连接 A 工作井和 B 工作井。上行线、下行线隧道之间布置有 8 个联络通道,图 7.3 为隧道整体有限元模型。

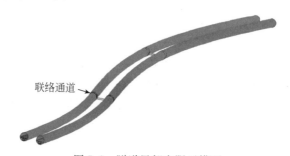

图 7.2　隧道局部有限元模型

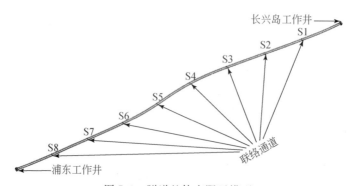

图 7.3　隧道整体有限元模型

7.2.2 联络通道三维有限元模型

由于隧道长度较大,为了方便检测维修人员在上行线、下行线隧道间工作,整个隧道布置了 8 个人行联络通道。由于联络通道处隧道结构与主体隧道存在较大差异。为了精细模拟联络通道对整体模型的影响,建立了联络通道的有限元模型,模型中包括变形缝和人行通道板等结构,联络通道模型均采用实体单元模拟。图 7.4 为联络通道有限元模型。联络通道处隧道与主体隧道之间采用动态接触方式连接,图 7.5 为联络通道处隧道与主体隧道之间的连接示意。

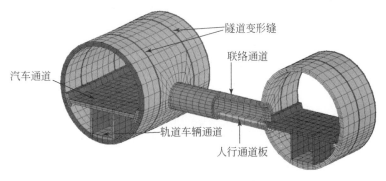

图 7.4 联络通道有限元模型

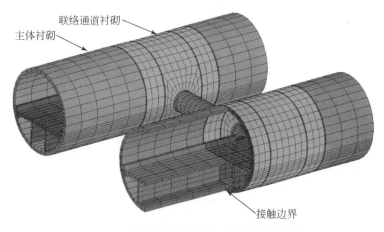

图 7.5 联络通道处隧道与主体隧道的连接

7.2.3 工作井三维有限元模型

隧道在其两端分别连接 A 工作井和 B 工作井,根据实际结构按 1∶1 比例建立了两个工作井模型。所创建的工作井有限元模型包括以下结构:地下连续墙、内衬、混凝土支撑、车道板等,工作井结构模型均采用实体单元模拟。在工作井附近隧道连接处,按照实际情况考虑了连接缝结构,图 7.6 和图 7.7 分别为 B 工作井和 A 工作井有限元模型。

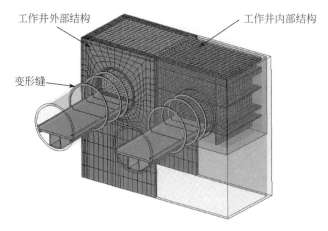

图 7.6　B 工作井有限元模型

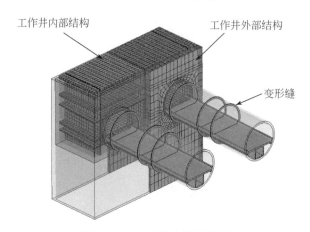

图 7.7　A 工作井有限元模型

7.2.4　隧道结构-土体耦合体系三维有限元模型

隧道结构通过隧道衬砌外壁与周边土体耦合,为模拟隧道结构-土体相互作用,首先采用分层土体建模方法建立了土体三维非线性有限元模型。土体横向尺寸为双线隧道横向尺寸的 10 倍,土体深度取上海地区基岩深度,约 300m。为消除边界效应,在土体周围建立了黏弹性人工边界。为消除土体单元尺寸过大造成对高频波的滤波作用,土体模型的单元尺寸控制在 5m 以内,从而保证 20Hz 以内的波能通过土体完整传播至桥梁结构。土体采用实体单元模拟,图 7.8 和图 7.9 分别为土体结构局部有限元模型和整体有限元模型。

隧道衬砌、联络通道、工作井和土体模型间的耦合作用关系是整体模型有限元建模时的重点,为保证耦合作用的准确,必须使隧道和土体间相互贴合,防止初始穿透的发生。隧道结构和土体全长达 8.95km,且隧道结构存在空间分布特性,给有限元建模带来了较大的难度。为了解决以上困难,在对土体和隧道衬砌进行建模时,采用分段建模的方法,确保土体和隧道衬砌的贴合。具体方法有:每段模型沿隧道轴线长度保持在 20~30m,保证了实体单元生成后,有限元体和几何模型不产生较大偏差,从而避免了土体和隧道间的初始穿透,并

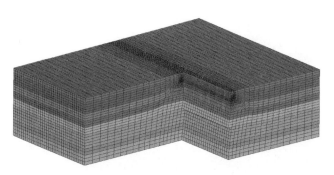

图 7.8　土体局部有限元模型

图 7.9　土体整体有限元模型

且在隧道衬砌和土体间建立耦合作用力学模型,图 7.10 为隧道衬砌与土体耦合模型。

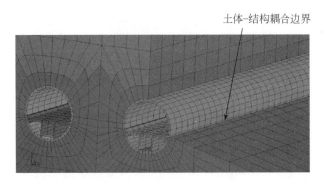

土体-结构耦合边界

图 7.10　隧道衬砌与土体耦合模型

　　联络通道处结构复杂,不仅其本身建模困难,它与周围土体的耦合作用更给有限元建模带来了难度。在不增加太多单元数量的前提下,对联络通道和其周围土体的网格进行适当加密,以保证联络通道处模型的质量,同时在联络通道与土体边界建立了动态耦合模型,图 7.11 为联络通道位置与土体耦合作用模型。

　　为了保证工作井与土体之间的动态耦合不受土层几何形态的影响,建模时与工作井相连的土层单元节点均被投影到工作井外壁所处平面内,从而避免了土层与工作井之间的初始穿透,图 7.12 为工作井与土体耦合作用模型。

　　隧道非线性三维有限元模型,包含隧道衬砌结构模型、隧道内部结构模型、联络通道模型、工作井模型和土体模型。结构和土体间建立了动态耦合关系,整体模型单元数 2003308,节点数 2495937。

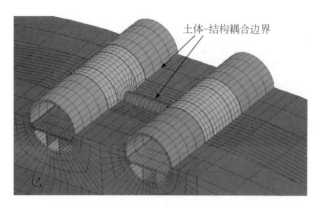

图 7.11　联络通道位置与土体耦合模型

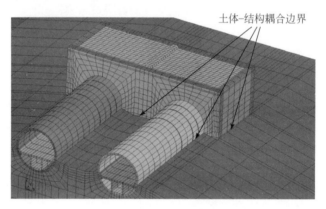

图 7.12　工作井与土体耦合模型

7.2.5　材料模型和参数

隧道主要结构均由不同型号的混凝土构造,其中,联络通道管片为普通结构钢,人行板为 C20,隧道内部车道板为 C40,隧道衬砌、牛腿、轨道板和联络通道为 C60。本章采用线弹性模型模拟混凝土材料,变形缝结构为橡胶材料,为简化处理也采用线弹性模型模拟,表 7.1 给出了主要结构的材料参数。

表 7.1　主要结构材料参数

名称	密度/(kg/m³)	弹性模量/MPa	泊松比
C20	2600	3.00×10^5	0.2
C40	2600	3.25×10^5	0.2
C60	2600	3.60×10^5	0.2
Q345	7800	2.06×10^5	0.3
橡胶	1300	44.1	0.45

本书土体本构模型采用 D-P 模型,根据地质勘探资料,土层材料参数如表 7.2 所示。

表 7.2　土层材料参数

土层	密度/(kg/m³)	泊松比	黏聚力/kPa	摩擦角/(°)	动弹性模量/MPa
灰色砂质粉土	1898	0.26	9	27	60
灰色淤泥质黏土	1714	0.35	12	10.5	40.2
灰色黏土	1796	0.33	16	14.5	79.3
灰色黏质粉土	1837	0.28	8	25.5	97.8
灰色粉质黏土	1837	0.32	18	18	125.7
灰色砂质粉土	1888	0.28	8	30	184.3
灰色砂质粉土	1898	0.26	6	30	182.4
灰色粉砂	1939	0.25	4	33.5	292.5
灰色粉细砂	1959	0.24	2	35	343.7

7.3　隧道结构一致激励地震响应

7.3.1　隧道一致地震荷载

　　上海地区抗震设防烈度为 7 度,在进行隧道地震动力响应分析时,按建筑场地类别和设计地震分组,选择类似场地地震地质条件的加速度时程曲线。在模拟计算中,选用场地地震安全性评价报告给出的基岩加速度时程曲线:50 年超越概率为 3% 和 50 年超越概率为 10% 两条基岩加速度时程曲线,作为主要分析地震激励。图 7.13 为基岩加速度曲线。考虑到隧道为长细结构,纵向和横向动力特性区别明显。本书一致激励不同地震烈度分别模拟了两种工况,横向一致激烈地震响应和纵向一致激励响应。

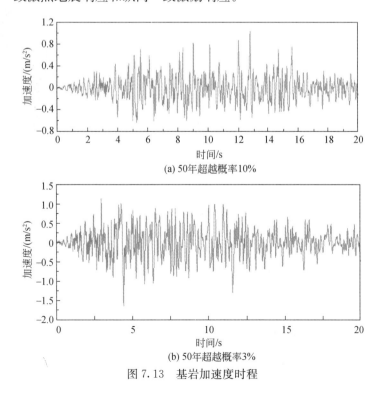

(a) 50年超越概率10%

(b) 50年超越概率3%

图 7.13　基岩加速度时程

7.3.2　横向一致激励下隧道地震响应

1. 隧道关键断面

根据隧道结构特点,选取如图7.14所示的位置分析隧道结构在初始工况下的变形和应力,其中联络通道8个,编号从A至B依次为1~8;工作井接头2个,分别为A工作井接头和B工作井接头;非联络通道和工作井接头位置隧道横断面9个,位于工作井与联络通道或联络通道间的中间位置,称之为普通断面,编号从A至B依次为1~9。

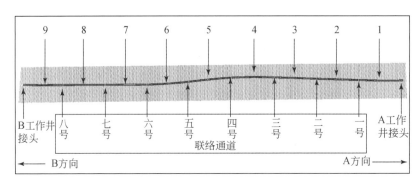

图 7.14　隧道关键断面

2. 普通隧道地震响应分析

本书研究横向一致激励下隧道地震响应,包括两组计算工况,即50年超越概率10%地震烈度和50年超越概率3%地震烈度。由于隧道东、西线结构对称,因此,本书选取东线隧道作为分析对象。

图7.15为普通隧道断面5位置等效应力最大时刻云图。可以看出,横向激励时,由于隧道受到周围土体直接压力,产生了较大的应力。隧道内部车道板、牛腿等结构应力相对较小。隧道底部由于受到内部结构约束变形较少,因此,隧道底部应力小于隧道顶部应力。隧

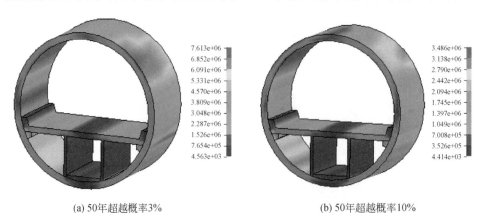

(a) 50年超越概率3%　　　　　　　(b) 50年超越概率10%

图 7.15　断面 5 等效应力最大时刻云图

道与内部结构接触位置,由于相互挤压作用,该处应力较大。通过以上分析得出隧道最大应力出现在隧道与内部结构接触位置以及隧道顶部两侧位置。

图 7.16 给出了普通隧道断面 5 和断面 9 最大应力单元的等效应力时程,可以看出,横向激励时,不同隧道断面应力曲线变化规律非常类似,说明隧道地震响应很大程度上取决于地震激励特性。50 年超越概率 3% 地震激励下最大应力时刻为 5s,50 年超越概率 10% 地震激励下最大应力时刻为 9.5s。

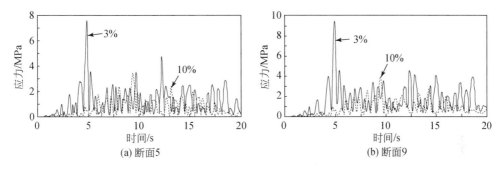

(a) 断面5　　　　　　　　　　(b) 断面9

图 7.16　关键断面应力最大单元时程

3. 联络通道地震响应分析

本书研究横向一致激励下联络通道结构地震响应,包括两组计算工况,即 50 年超越概率 10% 地震烈度和 50 年超越概率 3% 地震烈度。在分析联络通道变形时,选取如图 7.17 所示控制点,比较连接缝 A 点、B 点横向张开量和 C 点、D 点横向张开量。

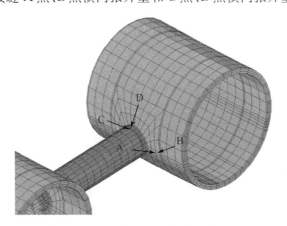

图 7.17　联络通道处控制点布置

图 7.18 给出了联络通道 4 控制点 A、B 和 C、D 横向张开量时程。可以看出,横向激励时,联络通道处变形缝存在一定的横向错动变形,但是相对张开量较小。3% 地震烈度激励下变形缝张开量略大于 10% 地震烈度激励。

图 7.19 给出了联络通道 4 等效应力最大时刻云图,相应应力最大单元时程如图 7.20 所示。可以看出,横向激励时,联络通道位置应力较复杂,最大应力主要集中在中间过道和主隧道交接位置,中间过道局部应力较大,由于其采用结构钢构造,因此可以承受较大的应力水平。主体隧道最大应力位于上部两侧,主要是由于承受了周边土体压力所致。从应力

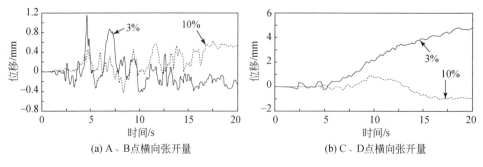

(a) A、B点横向张开量   (b) C、D点横向张开量

图 7.18　联络通道 4 控制点横向张开量时程

时程看,3%超越概率激励下,最大应力出现在 4.95s 时刻,10%超越概率激励下,最大应力出现在 9s 时刻。

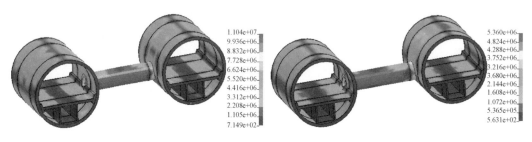

(a) 50年超越概率3%   (b) 50年超越概率10%

图 7.19　联络通道 4 等效应力最大时刻云图

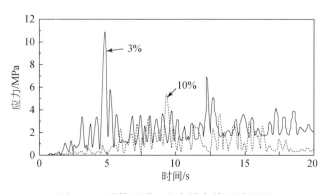

图 7.20　联络通道 4 应力最大单元时程图

7.3.3　纵向一致激励下隧道地震响应

1. 普通隧道地震响应分析

本书研究纵向一致激励下隧道地震响应,包括两组计算工况,即 50 年超越概率 10%地震烈度和 50 年超越概率 3%地震烈度。由于隧道东、西线结构对称,因此,本书选取东线隧道作为分析对象。

图 7.21 为普通隧道断面 5 位置等效应力最大时刻云图。可以看出,纵向激励时,隧道

等效应力最大单元多位于牛腿与衬砌连接处,部分位于隧道顶部两侧位置。隧道内部结构应力相对较小,隧道衬砌下部应力较小。

图 7.22 给出了普通隧道断面 5 和 9 最大应力单元的等效应力时程,可以看出,纵向激励时,不同隧道断面应力曲线变化规律非常类似,说明隧道地震响应很大程度上取决于地震激励特性。50 年超越概率 3%地震激励下最大应力时刻为 7s,50 年超越概率 10%地震激励下最大应力时刻为 11.5s。

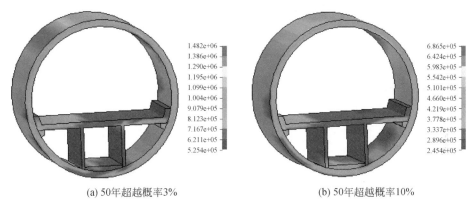

(a) 50年超越概率3%　　　　　　　　　　　　　(b) 50年超越概率10%

图 7.21　断面 5 等效应力最大时刻云图

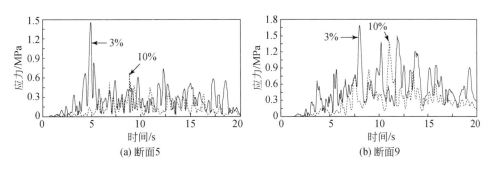

(a) 断面5　　　　　　　　　　　　　　　(b) 断面9

图 7.22　关键断面应力最大单元时程

2. 联络通道地震响应分析

本书研究纵向一致激励下联络通道结构地震响应,包括两组计算工况,即 50 年超越概率 10%地震烈度和 50 年超越概率 3%地震烈度。在分析联络通道变形时,选取如图 7.23 所示控制点,比较连接缝 A 点、B 点纵向张开量和 C 点、D 点纵向张开量。

图 7.24 给出了联络通道 4 控制点 A、B 和 C、D 纵向张开量时程。从图中可以看出,联络通道处变形缝存在一定的纵向错动变形,但是相对张开量较小。3%地震烈度激励下变形缝张开量略大于 10%地震烈度激励。

图 7.25 给出了联络通道 4 等效应力最大时刻应力云图,相应应力最大单元时程如图 7.26 所示。可以看出,纵向一致激励下,联络通道位置应力较复杂,最大应力主要集中在中间过道和主隧道交接位置,中间过道局部应力远大于主体隧道,由于中间过道采用结构钢构造,因此可以承受较大的应力水平。主体隧道最大应力位于内部结构与隧道衬砌连接处。

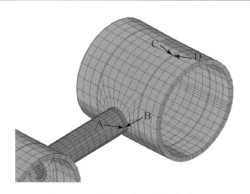

图 7.23　联络通道处控制点布置

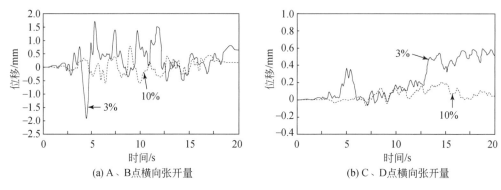

(a) A、B 点横向张开量　　　　　　　　　　(b) C、D 点横向张开量

图 7.24　联络通道 4 控制点纵向张开量时程

从应力时程看,3%超越概率激励下,最大应力出现在 5s 左右,10%超越概率激励下,最大应力出现在 10s 左右。

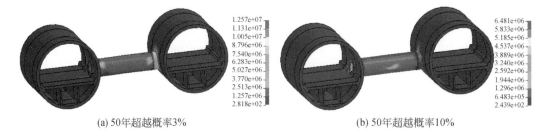

(a) 50 年超越概率 3%　　　　　　　　　　(b) 50 年超越概率 10%

图 7.25　联络通道 4 等效应力最大时刻云图

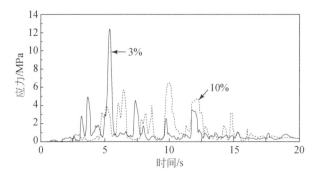

图 7.26　联络通道 4 应力最大单元时程图

7.4　隧道结构非一致激励地震响应

7.4.1　隧道非一致地震荷载

对于隧道等具有较大尺寸的地下结构,地震动的空间变化将可能对其产生非常显著的影响,故对此类结构的分析工作中,非一致地震激励下的结构响应研究是不可忽略的一环。在隧道传统抗震分析方法的基础上,考虑地震波行波效应,模拟了大型隧道在横向和纵向行波地震激励下的响应。在进行结构动力响应分析时,非一致激励加载方式即考虑行波效应对结构地震响应的影响,地层中基底不同位置点受到的地震激励是不同步的。图 7.27 为非一致地震动输入示意。

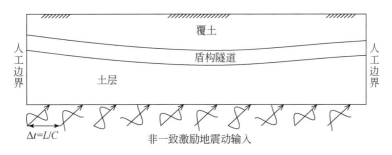

图 7.27　非一致地震动输入示意图

本书选取 50 年超越概率 10% 的基岩地震加速度作为主要地震激励,进行行波激励下的隧道响应分析。

7.4.2　横向行波激励下隧道地震响应

1. 普通隧道地震响应分析

本书研究横向行波激励下隧道地震响应,主要考虑 50 年超越概率 10% 地震烈度。由于隧道东、西线结构对称,因此,本书选取东线隧道作为分析对象。

图 7.28 给出了普通隧道断面 6 和 9 位置等效应力最大时刻应力云图。从不同断面等效应力云图可以看出,横向行波激励时,由于隧道受到周围土体直接压力,在隧道上部两腰位置产生了较大的应力。隧道内部车道板、牛腿等结构应力相对较小。隧道底部由于受到内部结构约束变形较少,因此,隧道底部应力小于隧道顶部应力。隧道与内部结构接触位置,由于相互挤压作用,该处隧道应力较大。通过以上分析得出隧道最大应力出现在隧道与内部结构接触位置以及隧道顶部两腰位置。

图 7.29 和图 7.30 分别为横向行波激励下普通隧道断面最大等效应力分布和最大横向位移分布。可以看出,关键隧道断面最大等效应力集中在 2MPa 左右,局部有一定波动,隧道断面最大等效应力出现在关键断面 9 位置。关键隧道断面最大横向位移集中 30～

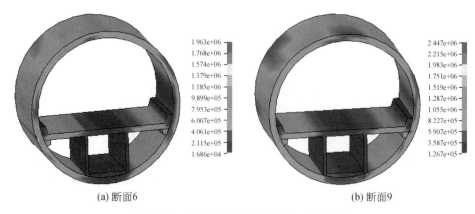

(a) 断面6　　　　　　　　　　　　　　　　　(b) 断面9

图 7.28　关键断面等效应力最大时刻云图

40mm,隧道断面最大横向位移出现在关键断面 1 位置。

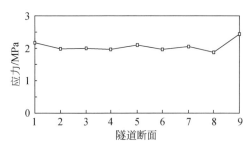
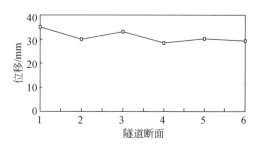

图 7.29　关键隧道断面最大等效应力分布　　　图 7.30　关键隧道断面最大横向位移分布

2. 联络通道地震响应分析

图 7.31 给出了联络通道 6 和 8 的等效应力最大时刻云图。可以看出,横向行波激励时,联络通道位置应力较复杂,最大应力主要集中在中间过道与主隧道交接位置,中间过道局部应力较大,由于中间过道采用结构钢构造,因此可以承受较大的应力水平。主体隧道最大应力位于上部两侧,主要是由于承受了周边土体压力所致。

(a) 联络通道6　　　　　　　　　　　　　　(b) 联络通道8

图 7.31　关键联络通道等效应力最大时刻云图

图 7.32 为横向行波激励下联络通道最大等效应力分布。可以看出,联络通道最大等效应力集中在 4～5MPa,局部有一定波动,隧道断面最大等效应力出现在关键断面 4 位置。

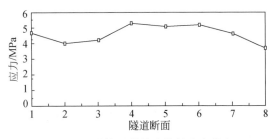

图 7.32 联络通道最大等效应力分布

横向行波激励时,对联络通道连接缝变形进行了分析,选取如图 7.17 所示控制点,比较连接缝 A、B 点横向张开量和 C、D 点横向张开量。图 7.33 给出了联络通道连接缝 A、B 点横向张开量分布和连接缝 C、D 点横向张开量分布。从图中可知,不同联络通道 A、B 点横向张开量和 C、D 点横向张开量均为 2mm 左右,A、B 点最大横向张开量出现在联络通道 6 位置,C、D 点最大横向张开量也出现在联络通道 6 位置。

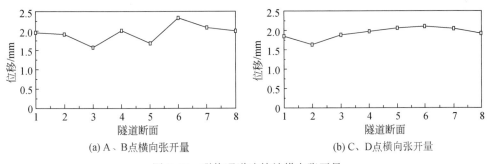

(a) A、B 点横向张开量   (b) C、D 点横向张开量

图 7.33 联络通道连接缝横向张开量

7.4.3 纵向行波激励下隧道地震响应

1. 普通隧道地震响应分析

本书研究纵向行波激励下隧道地震响应,主要考虑 50 年超越概率 10% 地震烈度。由于隧道东、西线结构对称,因此本书选取东线隧道作为分析对象。

图 7.34 给出了普通隧道断面 6 和 9 位置等效应力最大时刻云图。从不同断面等效应力云图可以看出,纵向行波激励时,隧道等效应力最大单元多位于车道板与衬砌连接处,部分位于隧道顶部两侧位置。以及隧道内部结构应力相对较小,以及隧道衬砌下部应力较小。

图 7.35 和图 7.36 分别为纵向行波激励下普通隧道断面最大等效应力分布和最大纵向位移分布。可以看出,纵向行波激励下隧道断面从 1~9 应力和位移有逐渐减少的趋势。隧道断面最大等效应力出现在关键断面 1 位置,最小等效应力出现在关键断面 7 位置。隧道断面最大纵向位移出现在关键断面 1 位置,最小纵向位移出现在关键断面 9 位置。

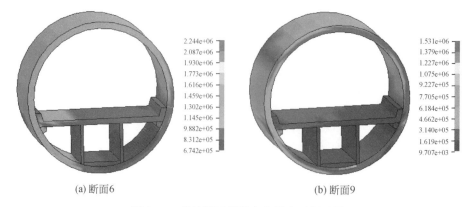

(a) 断面6　　　　　　　　　　　　　　　　　(b) 断面9

图 7.34　关键断面等效应力最大时刻云图

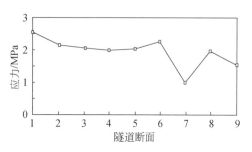

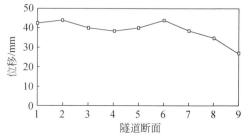

图 7.35　关键隧道断面最大等效应力分布　　　　图 7.36　关键隧道断面最大纵向位移分布

2. 联络通道地震响应分析

图 7.37 给出了联络通道 6 和 8 的等效应力最大时刻云图。可以看出,纵向行波激励时,联络通道位置应力较复杂,最大应力主要集中在中间过道和主隧道交接位置,中间过道局部应力较大,由于中间过道采用结构钢构造,因此可以承受较大的应力水平。主体隧道最大应力位于上部两侧,主要是由于承受了周边土体压力所致。

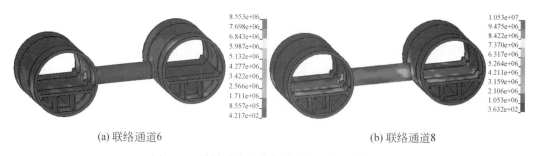

(a) 联络通道6　　　　　　　　　　　　　　　(b) 联络通道8

图 7.37　关键联络通道等效应力最大时刻云图

图 7.38 为纵向行波激励下联络通道最大等效应力分布。可以看出,联络通道最大等效应力集中在 7~10MPa,局部有一定波动,隧道断面最大等效应力出现在关键断面 8 位置。

纵向行波激励时,对联络通道连接缝变形进行了分析,选取如图 7.23 所示控制点,比较连接缝 A、B 点纵向张开量和 C、D 点纵向张开量。图 7.39 给出了联络通道连接缝 A、B 点纵向张开量分布和连接缝 C、D 点纵向张开量分布。从图中可知,联络通道 A、B 纵向张开量

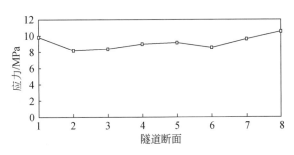

图 7.38　联络通道最大等效应力分布

波动相对较大,最大纵向张开量出现在联络通道 8 位置,最小出现在联络通道 5 位置。联络通道 C、D 点最大横向张开量出现在联络通道 6 位置,最小出现在联络通道 4 位置。

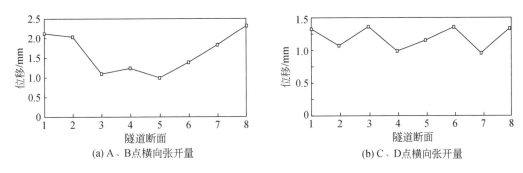

(a) A、B 点横向张开量　　　　　　　(b) C、D 点横向张开量

图 7.39　联络通道连接缝横向张开量

7.5　一致激励与行波激励隧道地震响应对比

7.5.1　横向输入时地震响应对比

本书为研究一致激励和行波激励下隧道结构地震响应的区别,选取 50 年超越概率 10% 地震烈度为例,对比了不同输入方向一致激励和行波激励的地震响应。图 7.40 和图 7.41 分别为横向一致激励和横向行波激励下,关键隧道断面的最大等效应力和横向位移分布。可知横向一致激励时,隧道断面最大等效应力和横向位移均大于行波激励。

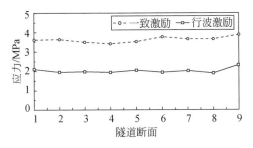
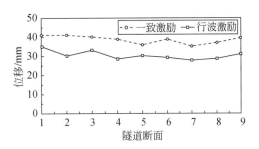

图 7.40　关键隧道断面最大等效应力分布　　图 7.41　关键隧道断面最大横向位移分布

图 7.42 为横向一致激励和横向行波激励下,联络通道最大等效应力分布。可知横向一致激励下联络通道等效应力大于行波激励。

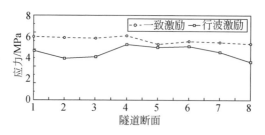

图 7.42 联络通道最大等效应力分布

图 7.43 给出了横向一致激励和横向行波激励下,联络通道 A、B 点位置和 C、D 点位置连接缝横向张开量分布。可知横向一致激励下联络通道连接缝张开量小于行波激励,与等效应力和横向位移情况相反。

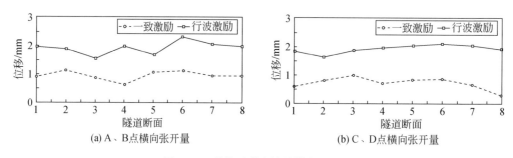

(a) A、B点横向张开量　　(b) C、D点横向张开量

图 7.43 联络通道连接缝横向张开量

7.5.2 纵向输入时地震响应对比

图 7.44 和图 7.45 分别为纵向一致激励和纵向行波激励下,关键隧道断面的最大等效应力和纵向位移分布。可以看出,纵向行波激励时,隧道断面最大等效应力和纵向位移均大于一致激励,与横向输入时情况相反。由于地震波在隧道纵向方向时滞较大,隧道结构不同位置受地震波时滞的影响,因此造成行波激励时隧道断面等效应力和纵向位移偏大。

图 7.46 为纵向一致激励和纵向行波激励下,联络通道最大等效应力分布。可知纵向行波激励下联络通道等效应力大于一致激励。由于地震波在隧道纵向方向时滞较大,隧道结构不同位置受地震波时滞的影响,因此造成行波激励时联络通道等效应力偏大。

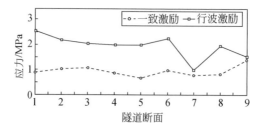

图 7.44 关键隧道断面最大等效应力分布

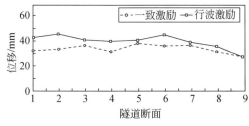

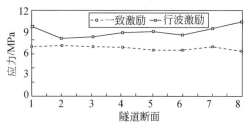

图 7.45　关键隧道断面最大纵向位移分布　　　　图 7.46　联络通道最大等效应力分布

图 7.47 给出了纵向一致激励和纵向行波激励下,联络通道 A,B 点位置和 C,D 点位置连接缝纵向张开量分布。可知纵向行波激励下联络通道连接缝纵向张开量大于一致激励,与等效应力和横向位移情况相反。由于地震波在隧道纵向方向时滞较大,隧道结构不同位置受地震波时滞影响,因此造成行波激励时联络通道等效应力偏大。

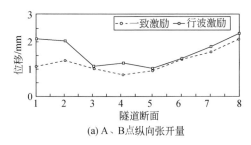
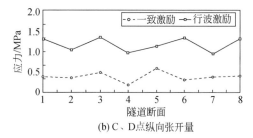

(a) A、B点纵向张开量　　　　　　　　　　　(b) C、D点纵向张开量

图 7.47　联络通道连接缝纵向张开量

7.6　本 章 小 结

本章针对上海某长江双线隧道结构抗震分析项目,进行了考虑土体-结构耦合作用的隧道结构抗震分析。根据隧道结构的复杂性,本章首先建立了隧道衬砌结构、隧道内部结构、联络通道结构和工作井结构的三维精细有限元模型,同时建立了隧道周边土体结构有限元模型,在隧道衬砌结构模型和土体有限元模型之间建立了土体-结构耦合模型。

在双线隧道精细有限元模型的基础上,采用动力时程分析方法对隧道结构进行了地震响应分析。根据隧道结构周边土体特性,选取结构响应较大的地震波作为输入激励,地震烈度包括 50 年超越概率 3% 和 50 年超越概率 10% 两组。按照激励方式不同,计算工况包括横向一致激励、纵向一致激励、横向行波激励和纵向行波激励四种工况。针对不同工况下,对隧道关键断面等效应力和位移进行分析,同时对联络通道等效应力和连接缝张开量进行分析。选取 50 年超越概率 10% 地震烈度作为激励,进行了一致激励和行波激励下隧道结构响应对比。横向一致激励时,隧道断面最大等效应力、隧道断面最大横向位移和联络通道等效应力均大于行波激励。横向一致激励时,联络通道连接缝张开量小于行波激励。横向一致激励时,隧道断面最大等效应力、隧道断面最大横向位移、联络通道等效应力和联络通道连接缝张开量均小于行波激励。由于地震波在隧道纵向方向时滞较大,隧道结构不同位置受地震波时滞的影响,因此造成纵向行波激励时隧道结构响应偏大。本章隧道结构地震响应数值模拟,较好地分析了不同激励输入方式下隧道结构地震响应,为上海某长江双线隧道抗震设计及安全评估提供了参考。

第8章 核电工程地震响应并行计算的应用实例

8.1 引　言

核电工程指利用核能发电的相关设施，目前我国有 4 座核电站 11 台机组在运行，为弥补国民经济发展过程中水能、火能发电站发电量和覆盖范围的不足，未来我国将在江西、湖南、重庆等地建造内陆核电站。切尔诺贝利核电站事故和福岛核电站灾难提醒人们对核电工程中核岛结构设计安全要给予足够重视。地震是威胁核电站安全的主要自然灾害之一，研究核电站在地震作用下的安全性具有非常重要的意义。

核电站一般会选择较为坚硬的基岩厂址进行建设。软弱地质条件下的天然基础，往往不能够满足核电厂结构对于地基静态和动态承载力的要求。桩基础是解决地基承载力较好的一种地基处理方案，但较难与主体结构进行耦合分析。由于核岛结构是较为重要的土建结构，其动力响应特征在核电厂抗震设计中非常关键，因此需要研究在桩基础作用下上部结构的地震响应特性。本章以某软弱地基厂址的核岛为例，说明抗震建模仿真过程及结果分析。

8.2 核岛地震响应系统三维非线性数值建模

8.2.1 核岛厂房有限元模型

数值仿真模型由核岛辅助厂房结构、屏蔽厂房结构、反应堆结构、筏板结构和土体模型构成。核岛结构几何模型如图 8.1 所示。

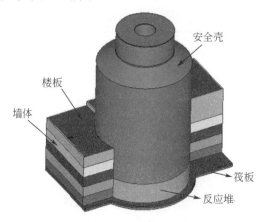

图 8.1　核岛结构几何模型

该厂房长 77m,宽 48m,高 37m,共分为 5 层,包括楼板和墙体,如图 8.2 所示。厂房设备和内部结构简化为等效质量施加在楼板上。屏蔽厂房内径为 21m,厚度为 914mm。

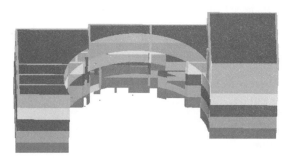

图 8.2　厂房结构几何模型

根据模型各组成部分的关系,采用以下建模顺序:建立底层厂房的墙体和楼板模型;按照节点重合的原则,由下到上建立其他层次厂房的墙体和楼板模型,如图 8.3 所示;以厂房墙体和楼板模型为基准建立反应堆模型和屏蔽厂房模型;以自由场模型土体为基础建立具有分层特性的土体模型。

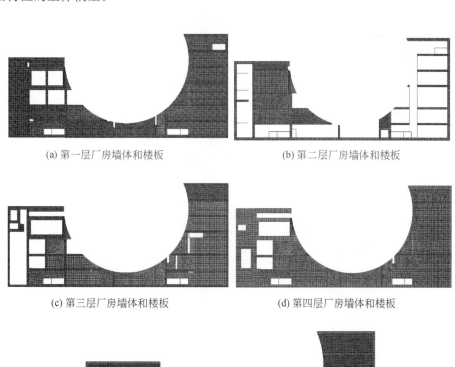

(a) 第一层厂房墙体和楼板　　　　　　　　　(b) 第二层厂房墙体和楼板

(c) 第三层厂房墙体和楼板　　　　　　　　　(d) 第四层厂房墙体和楼板

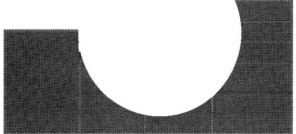

(e) 第五层厂房墙体和楼板

图 8.3　厂房各层结构有限元模型

厂房模型中主要墙体部分采用厚壳单元,为保证计算结果的准确性,厚壳单元沿厚度方向单元数不小于2,少数较薄的墙体采用壳单元模拟,如图8.4和图8.5所示。按设计要求,楼板承受恒载荷和活载荷,按100%恒载荷+25%活载荷,计算出楼板载荷,然后等效为单位面积的质量附加在楼板壳单元上。

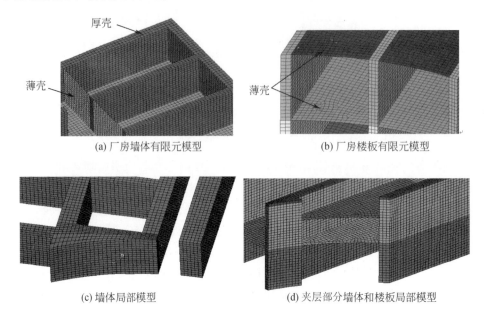

图 8.4 厂房局部有限元模型

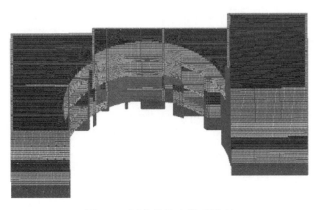

图 8.5 厂房整体有限元模型

如图8.6所示,屏蔽厂房模型采用厚壳单元建模,为保证计算结果的准确性,厚壳单元沿厚度方向单元数不小于2。按设计要求,水箱中3000t水体载荷以35%、65%的比例按等效质量的方式分别施加到水箱底面和侧壁。

如图8.7所示,核岛筏板分为上下筏板两部分,上筏板与墙体、反应堆等结构共节点连接,下筏板与桩、土共节点连接,上下筏板之间设置固连接触。核岛厂房及屏蔽厂房其余部分均采用共节点连接,如图8.8所示。

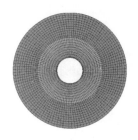

(a) 前视图   (b) 俯视图   (c) 内部结构模型

图 8.6 屏蔽厂房有限元模型

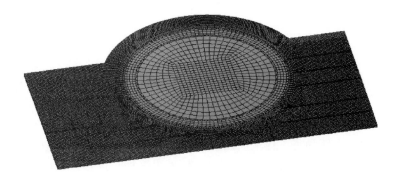

(a) 上筏板

(b) 下筏板

图 8.7 筏板有限元模型

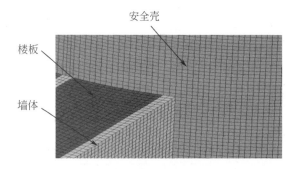

(a) 屏蔽厂房与墙体、楼板共节点

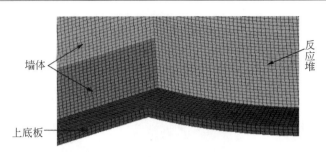

(b) 反应堆与墙体、上筏板共节点

图 8.8　采用共节点连接

8.2.2　土体有限元模型

1. 土体分层模型

核岛埋深 9.04m,基岩面位于地下 50m,在进行地震响应分析时,建立的地基土模型从地表直至基岩部分。在土壤长度和宽度尺寸设计时,为了使边界条件不至于影响核心部分的振动特性,土壤模型的长度取 560m,土壤模型的宽度取 360m。

土体有限元建模思路为将土体端面的平面网格沿 Z 向拉伸,形成六面体实体网格。土体靠近核岛位置网格较密集,越向外网格越稀疏,采用这种布局,可以很好地控制土体模型规模,使得网格数尽量少。地震分析时,为保证计算精度而又不使计算时间过长,计算出的每层单元最小高度 h 及每层土体单元层数如表 8.1 所示。

表 8.1　各层土体的单元最小高度

岩性	每层深度/m	剪切波速/(m/s)	单元高度/m	单元层数
Q4 粉质黏土②	2.3	138	0.4600	5
	1	125	0.4167	3
Q4 细砂③	1.94	148	0.4933	4
	1.96	148	0.4933	4
	3.6	224	0.7467	5
	1.8	224	0.7467	3
	1.8	224	0.7467	3
Q4 粉质黏土④	1.6	297	0.9900	2
	2	297	0.9900	2
	2	242	0.8067	3
	2	247	0.8233	3
	2	247	0.8233	3
	1.6	234	0.7800	2
	1.8	234	0.7800	3

续表

岩性	每层深度/m	剪切波速/(m/s)	单元高度/m	单元层数
Q4 粉质黏土⑤	2.6	283	0.9433	3
	2.7	258	0.8600	4
Q3 粉质黏土⑥	2.3	306	1.0200	2
	3	324	1.0800	3
	3	326	1.0867	3
	2	337	1.1233	2
Q3 细砂⑦	1.8	357	1.1900	2
Q3 中等风化玄武岩⑧	5.2	822	2.7400	2
	3	842	2.8067	3
	3	853	2.8433	3
Q3 微风化玄武岩⑧	4	1558	5.1933	4
	4	1734	5.7800	4
	4	1946	6.4867	4
	4	2261	7.5367	4

根据设计方提供的岩土参数,将土层分为 28 层,土体分层模型采用六面体实体单元。土层宽 360m,深 72m,长约 560m,其单元总数为 1806518,土体有限元整体模型如图 8.9 所示。

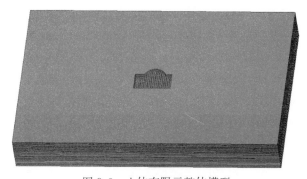

图 8.9　土体有限元整体模型

2. 土体计算参数

土体动力特性参数参照设计方提供的数据经过等效线性化迭代计算所得,土层共分为 28 层,土层部分物理力学参数如表 8.2 所示。

表 8.2　土层部分物理力学参数

岩性	深度/m	动弹性模量 E_d/Pa	动泊松比 μ_d
Q4 粉质黏土②	2.3	8.48×10^7	0.49
	3.3	5.62×10^7	0.49

岩性	深度/m	动弹性模量 E_d/Pa	动泊松比 μ_d
Q4 细砂③	5.24	5.92×10^7	0.49
	7.2	4.05×10^7	0.49
	10.8	7.25×10^7	0.49
	12.6	1.27×10^8	0.49
	14.4	1.10×10^8	0.49
Q4 粉质黏土④	16	3.45×10^8	0.48
	18	3.36×10^8	0.48
	20	1.68×10^8	0.49
	22	1.72×10^8	0.49
	24	1.65×10^8	0.49
	25.6	1.29×10^8	0.49
	27.4	1.26×10^8	0.49
Q4 粉质黏土⑤	30	2.50×10^8	0.48
	32.7	1.74×10^8	0.49
Q3 粉质黏土⑥	35	3.13×10^8	0.48
	38	3.69×10^8	0.48
	41	3.72×10^8	0.48
	43	4.08×10^8	0.48
Q3 细砂⑦	44.8	3.95×10^8	0.47
Q3 中等风化玄武岩⑧	50	4.07×10^9	0.37
	53	4.27×10^9	0.37
	56	4.39×10^9	0.37
Q3 微风化玄武岩⑧	60	1.72×10^{10}	0.35
	64	2.12×10^{10}	0.34
	68	2.64×10^{10}	0.32
	72	3.54×10^{10}	0.31

8.2.3 桩基有限元模型

混凝土筏板基础及工程桩有限元模型的几何尺寸及桩基的布置按照设计提供的数据，其材料统一按混凝土材料参数设置，混凝土结构密度为 2400kg/m³，弹性模量为 1.989×10^{10} Pa，泊松比为 0.17。如图 8.10 和图 8.11 所示，混凝土筏板基础及工程桩一律采用 8 节点六面体单元或者 6 节点五面体单元。

筏板、桩基与土壤之间采用节点重合的方法来处理它们之间的相互作用，如图 8.12 和

图 8.13 所示。

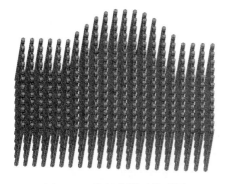

图 8.10　桩基有限元模型图

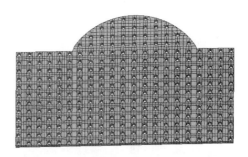

图 8.11　混凝土筏板基础有限元模型

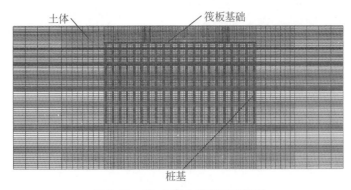

图 8.12　桩-土耦合模型局部模型

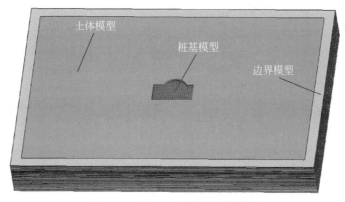

图 8.13　桩-土三维耦合系统模型

8.2.4　整体耦合模型

核电站桩-土-结构动力相互作用分析仿真模型长约 560m,宽约 360m,高 72m,包含核岛厂房(屏蔽厂房和辅助厂房)及筏板基础、桩基、土体模型。整体模型节点数约 317 万,单元数约 293 万。

核岛结构和土体模型的配合是整体模型建模时的重点,其建模质量关系到后续计算中的准确度。核岛结构较复杂,几何上包含曲线和曲面的信息,给有限元建模带来了较大的难度。为了解决以上困难,在对土体和核岛结构进行建模时,采用分段建模的方法,确保土体和核岛结构贴合。具体方法有:对核岛结构进行精细化建模,使整个核岛结构共节点,土体和桩基共节点建模,将厚度约为 1.8m 的筏板基础分为两半,上半部分和核岛结构模型共节点,下半部分和土体模型共节点,上下筏板采用绑定约束,结构和土体采用接触连接,如图 8.14 所示。这样保证了实体单元生成后,有限元体和几何模型不产生较大偏差,又可以保证网格质量较好,在对上下进行建模时,保证土体、核岛结构的单元生成算法一致,从而避免了由算法不同带来的误差。

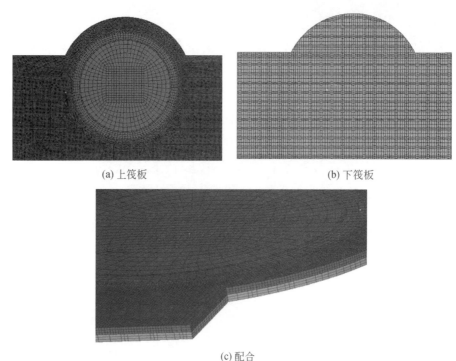

(a) 上筏板　　　　　　　　　　　　　　　　　(b) 下筏板

(c) 配合

图 8.14　上、下筏板之间的配合

核岛结构复杂,不仅其本身建模困难,它与周围土体的配合更给有限元建模带来了难度。由于导入模型时存在几何误差,核岛结构和土体边界之间并不完全对齐,为避免土层与核岛结构网格节点间的初始穿透,建模时要尽量保证核岛结构接触的土层单元节点与核岛结构外壁节点保持在同一曲面上,如图 8.15 所示。整体耦合模型如图 8.16 所示。

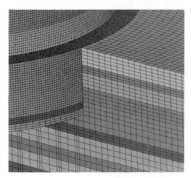

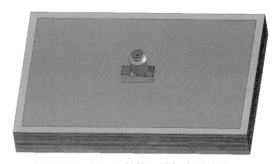

图 8.15　核岛结构与土体的配合　　　　图 8.16　桩-土-结构三维耦合系统模型

8.2.5　模型质量估算及模态分析

为确保模型能更真实地反映系统特征和地震响应情况,对核岛各部分结构以及整体模型的单元和质量进行统计,如表 8.3 所示。

表 8.3　核岛各部分结构单元及质量统计

结构	单元数量	节点数量	质量/万 t
屏蔽厂房	166826	222164	2.578
墙体	363128	485362	2.117
筏板	90327	121368	1.582
楼板	58029	62592	0.5637
核岛结构	816969	1005358	10.5937

利用 LS-DYNA 对核岛结构模型(不包括桩基)进行模态分析,得到核岛结构前 20 阶固有频率和每个模态下三个方向的参与质量,如表 8.4 所示。核岛结构前 4 阶模态对应振型如图 8.17 所示。

表 8.4　核岛结构(不包括桩基)模态分析结果

模态	固有频率/Hz	X 向参与质量	Y 向参与质量	Z 向参与质量
1	2.22	7.32×10^2	1.21×10^2	3.56×10^5
2	2.86	8.44×10^4	2.12×10^7	7.37×10^3
3	2.99	1.89×10^7	6.67×10^4	3.80×10^3
4	3.17	3.56×10^4	6.51×10^3	2.52×10^5
5	4.17	1.63×10	9.13	8.62×10^4
6	4.39	2.63×10^2	2.13×10^2	8.67×10^4
7	4.55	6.64×10^2	3.65×10^2	1.63×10^2
8	5.26	1.77×10^2	1.46×10^5	1.16×10^4
9	5.62	2.06×10^5	2.41×10^4	2.30×10^4
10	5.71	2.50	4.36×10^{-2}	7.25×10^4
11	6.33	3.76×10^5	2.15	8.33×10^6
12	6.41	4.44×10^5	2.28×10^2	6.97×10^6
13	6.55	2.65×10^4	6.67×10^4	4.11×10^3
14	6.60	8.99×10^4	3.23×10^3	2.21×10^4
15	6.84	1.16×10^4	3.87×10^3	1.33×10^5
16	6.86	3.17×10	3.44×10^3	3.98×10^4
17	7.08	7.13×10^3	3.40×10^5	9.31×10^4
18	7.17	1.26×10^3	4.89×10^3	2.69×10^2
19	7.30	2.80×10^3	1.13×10^4	6.66×10^4
20	7.59	4.36×10^4	7.61×10^6	3.54×10^4

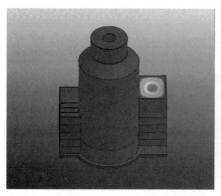

(a) 1阶振型(2.22Hz、顶部楼板局部振动)

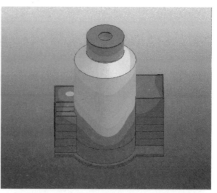

(b) 2阶振型(2.86Hz、屏蔽厂房Y向晃动)

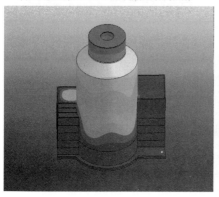

(c) 3阶振型(2.99Hz、屏蔽厂房X向振动)

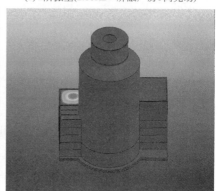

(d) 4阶振型(3.17Hz、顶部楼板局部振动)

图 8.17　核岛结构(不包括桩基)前 4 阶振型

8.3　核岛地震响应及影响因素分析

为研究桩-土-结构动力相互作用的线弹性分析中核岛结构的地震响应情况,选取筏板和结构上若干关键位置点作为观测点,分析这些观测点的数值仿真结果。筏板和结构观测点位置示意图如图 8.18 所示。

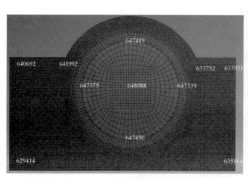

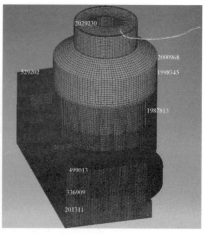

图 8.18　观测点布置示意图

8.3.1　核岛结构加速度时程分析

筏板和结构观测点在组合地震共同作用下加速度响应峰值分别如表 8.5 和表 8.6 所示。由分析可知,当地震荷载为 X 向、Y 向、Z 向激励共同作用时,结构加速度最大值出现在屏蔽厂房最高处,这是因为此处高度最高,在地震响应中受到的激励响应最大。屏蔽厂房最高点节点 2029230 其 X 向最大加速度值达到 $6.66\mathrm{m/s^2}$,Y 向最大加速度值达到 $7.3931\mathrm{m/s^2}$,Z 向最大加速度值达到 $18.925\mathrm{m/s^2}$。最高点 2029230 处的加速度峰值达到 $19\mathrm{m/s^2}$,由于考虑了水箱中 3000t 水的附加质量,所以附加的惯性作用对结构顶点的影响很大,导致最高点处的加速度数值很大。

表 8.5　筏板观测点在组合地震作用下加速度响应峰值

筏板观测点	X 向加速度峰值/g	Y 向加速度峰值/g	Z 向加速度峰值/g
633931	0.30803	0.21572	0.22159
635164	0.28107	0.21831	0.23574
629414	0.31191	0.20819	0.23598
640692	0.30964	0.21391	0.21969
641992	0.3059	0.20964	0.24603
633752	0.3013	0.20747	0.23591
647339	0.29972	0.21499	0.26224
647450	0.29666	0.22432	0.26131
647375	0.30841	0.22038	0.26791
647419	0.3135	0.21208	0.25582
648088	0.30296	0.21464	0.29112

表 8.6　结构观测点在组合地震作用下加速度响应峰值

筏板观测点	X 向加速度峰值/g	Y 向加速度峰值/g	Z 向加速度峰值/g
201311	0.29733	0.23161	0.272
336909	0.3251	0.26697	0.29178
499013	0.35566	0.29501	0.30526
529202	0.36827	0.3107	0.31649
1987813	0.3758	0.40403	0.3809
1998345	0.4655	0.64031	0.45046
2000968	0.55809	0.75072	0.55879
2029230	0.67959	0.7544	1.93112

同时也可以看出,对于不同位置的节点,随着高度增加,加速度峰值增大。202930 观测点加速度时程曲线如图 8.19 所示。

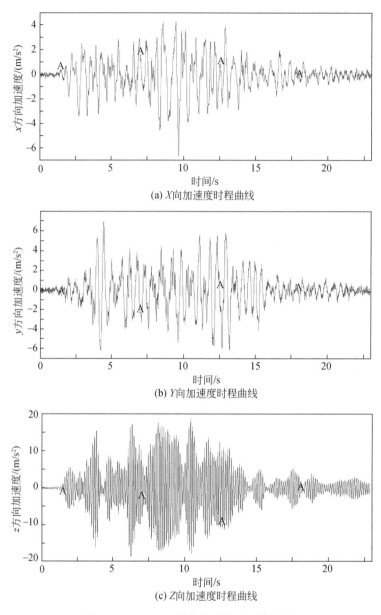

(a) X向加速度时程曲线

(b) Y向加速度时程曲线

(c) Z向加速度时程曲线

图 8.19　2029230 节点加速度时程曲线图

8.3.2　核岛结构应力分析

　　桩-土-结构动力相互作用弹塑性分析中的应力结果为考虑初始应力状态的地震响应分析。

　　对于桩基结构,由应力云图可知,最大 Mises 应力出现在 9s 左右的时刻。桩基最大应力单元位于桩基靠近结构端处,应力云图如图 8.20 和图 8.21 所示。最大应力单元处有应力集中现象,桩基最大应力处附近单元时程曲线分别如图 8.22 所示,桩基最大应力达到 6.29MPa。

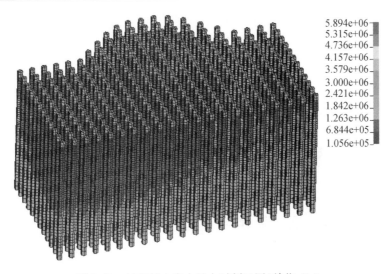

图 8.20　桩基最大应力最大时刻云图(单位:Pa)

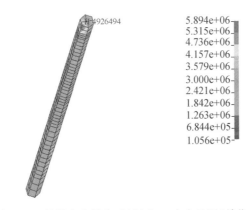

图 8.21　单桩应力最大时刻 Mises 应力云图(单位:Pa)

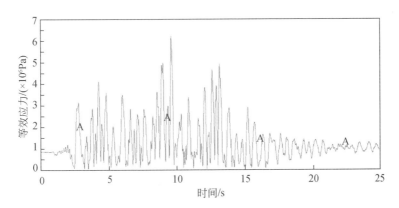

图 8.22　桩基上应力最大处附近单元时程曲线

对于筏板结构,由应力云图可知,最大 Mises 应力出现在 9s 左右的时刻。桩基最大应力单元位于筏板下表面与桩基结合处,应力云图如图 8.23 所示。最大应力单元处有应力集中现象,筏板最大应力处附近单元时程曲线如图 8.24 所示,筏板最大应力达到 6.39MPa。

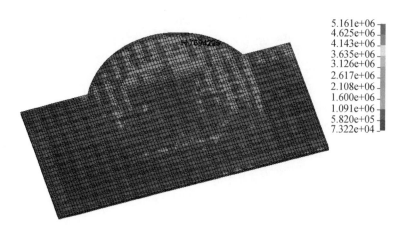

图 8.23　筏板应力最大时刻 Mises 应力云图(单位:Pa)

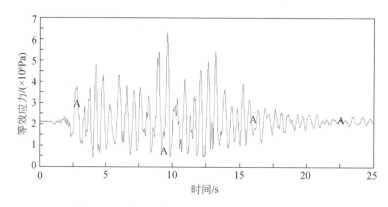

图 8.24　筏板上应力最大处附近单元时程曲线

8.3.3　核岛结构位移分析

在组合地震共同作用下观测点位移时程曲线如图 8.25 所示。由分析可知,对于筏板,在组合地震作用下,筏板各观测点的位移峰值接近,X 向位移响应峰值在 20.35cm 左右,Y 向位移响应峰值在 23.7cm 左右,Z 向位移响应峰值在 10cm 左右。

对于结构,随着观测点高度的增加,结构观测点 X 向位移响应峰值逐渐增大,但增加幅度非常小,从 20.36cm 增加到 21.23cm;结构观测点 Y 向位移响应峰值逐渐增大,但增加幅度非常小,从 23.74cm 增加到 26.71cm;结构观测点 Z 向位移响应峰值为 10cm 左右。

由相对位移(结构上部节点的绝对位移减去基础的绝对位移)可以看出,核岛结构在组合地震激励作用下产生的变形非常小,结构具有足够的刚度。

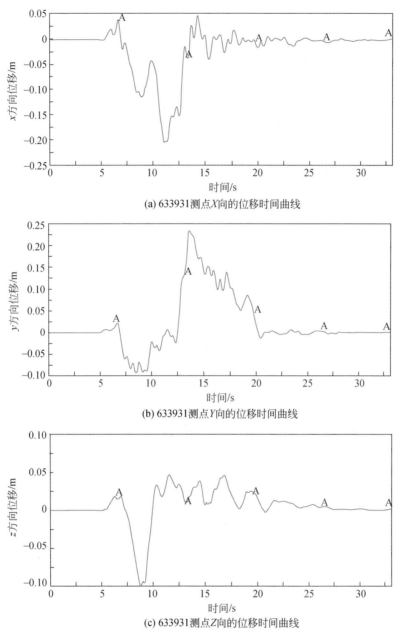

(a) 633931测点X向的位移时间曲线

(b) 633931测点Y向的位移时间曲线

(c) 633931测点Z向的位移时间曲线

图 8.25　633931 测点位移时间曲线

筏板和结构观测点在组合地震共同作用下位移响应峰值分别如表 8.7 和表 8.8 所示。

表 8.7　筏板观测点在组合地震作用下位移响应峰值

筏板观测点	X 向位移峰值/m	Y 向位移峰值/m	Z 向位移峰值/m
633931	0.2039	0.2363	0.0993
635164	0.2043	0.2363	0.0949
629414	0.2029	0.2376	0.0981

筏板观测点	X 向位移峰值/m	Y 向位移峰值/m	Z 向位移峰值/m
640692	0.2036	0.2370	0.0995
641992	0.2035	0.2377	0.1004
633752	0.2039	0.2366	0.0993
647339	0.2038	0.2369	0.0983
647450	0.2031	0.2374	0.0959
647375	0.2036	0.2378	0.1000
647419	0.2039	0.2374	0.1015
648088	0.2036	0.2374	0.0991

表 8.8　结构观测点在组合地震作用下位移响应峰值

节点	X 向位移峰值/m	Y 向位移峰值/m	Z 向位移峰值/m
648088	0.2036	0.2374	0.0991
201311	0.2041	0.2383	0.0941
336909	0.2037	0.2411	0.0938
474075	0.2035	0.2431	0.0936
499013	0.2034	0.2444	0.0938
529202	0.2061	0.2432	0.0985
1998345	0.2095	0.2578	0.1039
2000968	0.2105	0.2603	0.1033
2029230	0.2123	0.2671	0.0985

8.4　本章小结

本章针对某软弱厂址的核岛结构抗震分析项目,进行了考虑土体-结构耦合的核岛结构抗震分析。根据核岛结构的复杂性,本章首先建立了核岛结构、厂房结构、筏板结构和桩基结构等三维精细有限元模型,同时建立了核岛周边土体结构有限元模型,在结构模型和土体有限元模型之间建立了土体-结构耦合模型。在此基础上,采用动力时程分析方法对核岛结构进行地震响应分析。

在组合地震作用下,桩基最大应力发生在桩基靠近结构端处,最大应力达到 6.29MPa;筏板最大应力发生在筏板下表面与桩基结合处,最大应力达到 6.39MPa。根据一般混凝土材料 C30～C60 的强度极限,桩-土-结构动力相互作用线弹性分析和弹塑性分析计算的应力满足强度校核,核岛结构在组合地震激励作用下不会发生破坏。

由分析可知,在组合地震作用下,筏板各观测点的位移峰值接近,X 向位移响应峰值在

20.35cm 左右，Y 向位移响应峰值在 23.7cm 左右，Z 向位移响应峰值在 10cm 左右；随着观测点高度的增加，筏板和结构观测点 X 向位移响应峰值逐渐增大，但增加幅度非常小，从 20.36cm 增加到 21.23cm；筏板和结构观测点 Y 向位移响应峰值逐渐增大，但增加幅度非常小，从 23.74cm 增加到 26.71cm；筏板和结构观测点 Z 向位移响应峰值为 10cm 左右。本章核岛结构地震响应数值模拟，较好地分析了核岛结构地震响应，为某软弱厂址的核岛抗震设计及安全评估提供了参考。

第9章 桥梁工程地震响应并行计算的应用实例

9.1 引　言

　　桥梁工程作为重要的交通设施,是一个国家基础建设最重要的部分之一。随着交通运输需求的增加,不仅需要更多的桥梁,而且对桥梁的结构要求也越来越高。近年来,大跨度和超大跨度桥梁相继出现,桥梁结构的设计也更加轻巧,功能更加复杂。大量大跨距特殊结构桥梁的建设,给桥梁结构设计,尤其是抗震设计带来了极大的挑战。

　　本章以上海某大跨度斜拉桥为例,说明桥梁抗震建模仿真过程及结果分析。首先建立了桥梁结构、土体结构三维非线性有限元模型,结合土体-结构接触技术建立了土体-桥梁耦合作用关系。然后以桥梁抗震设计要求为依据,选取 50 年超越概率 3% 基岩加速度地震波作为激励,对土体-桥梁结构的一致激励地震响应和非一致激烈地震响应进行了分析,同时针对不同激励方式下斜拉桥地震响应情况进行了对比。本书由于考虑了土体-结构耦合效应,相对于刚性桥基假设能更真实的分析桥梁结构地震响应。另外,桥梁结构的精细化建模,能对桥梁局部细节结构地震响应进行分析,从而获得简化模型无法获取的丰富分析数据。数值分析结果为桥梁结构的抗震设计提供了技术支持。

9.2　土体-桥梁结构耦合系统全三维非线性数值建模

　　上海某桥梁是公路和轻轨上下叠合桥梁,上层为公路双向四车道,桥面宽18m,为四快二慢六车道,下层为轨道交通,双向二车道,宽9m。该桥离水面净高度为30m。大桥全长4.80km,主桥桥墩设于江中,主桥长436m,主跨长251m[165~167]。作为国内跨度最大的公路、轨道两用斜拉桥,结构中包含复杂的板壳体系,在地震作用下,这些板壳结构可能出现大变形,从而导致结构屈服甚至断裂。因此,其在地震作用下的安全性需要特别关注。

　　大跨度斜拉桥是一种复杂的超静定结构,具有空间静力性。外部激励作用下,斜拉桥力学响应具有较强的耦合特性,尤其是扭转和弯曲振型往往出现强烈耦合,因此斜拉桥多采用空间计算模型。简化的空间杆系结构虽然计算简单,计算量较少,但是此种结构往往需要对实际结构进行大量的简化,因此容易造成计算误差,并且很难对结构进行精细分析。采用板壳、实体和梁结构进行建模,能够精确模拟桥梁结构部分的空间位置、几何尺寸、连接关系,并且可以准确考虑桥塔、拉索和主桁架间的动力相互作用,因此能够更精确的模拟桥梁力学特性,得到更准确的计算结果。本研究采用非线性建模方法,完全依据桥梁总体布置图(图 9.1 和图 9.2),按照 1:1 的比例建立桥梁-土体耦合体系三维非线性有限元模型,其中土体横向尺寸为桥梁横向尺寸的 10 倍。

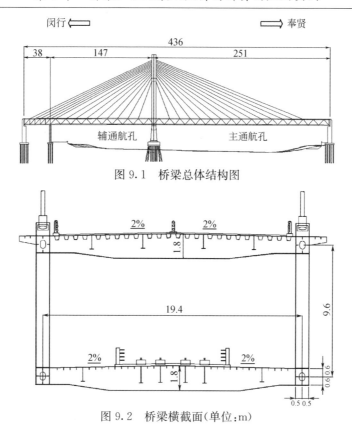

图 9.1　桥梁总体结构图

图 9.2　桥梁横截面(单位:m)

9.2.1　主梁三维有限元模型

桥梁主梁作为主要承载构件,由钢板桁架组合构成,主梁截面呈矩形。主梁结构全部采用壳单元模拟,其三维有限元模型如图 9.3 所示。主梁的弦杆和腹杆均采用箱型截面,其索和主桁架基本在一个面内,拉索水平分力直接传递给主弦杆。

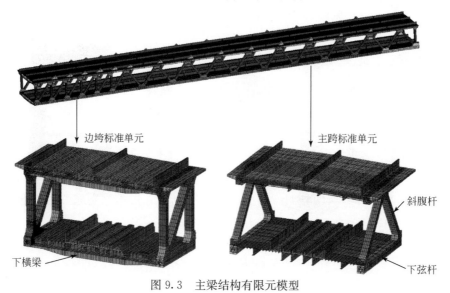

图 9.3　主梁结构有限元模型

弦杆分为上弦杆和下弦杆，上弦杆位于上层桥面，下弦杆位于下层桥面。腹杆包括直腹杆和斜腹杆两种，他们均由翼板、腹板、隔板及加劲组成。主梁在主跨位置和边跨位置有一定差异，边跨标准单元通过四道直腹杆和两道斜腹杆连接上、下桥面，而主跨标准单元仅通过四道直腹杆连接上、下桥面。

9.2.2 主塔和桥墩三维有限元模型

主塔和桥墩是斜拉桥结构中最重要的结构之一，负责承载主要的载荷作用。主塔结构由塔柱和上、下横梁结构组成，主塔结构上部锚索区布置有锚孔，与斜拉索连接。主塔结构呈 H 形构造，为中空薄壁钢筋混凝土结构，采用实体单元模拟，有限元模型如图 9.4 所示。辅助墩和过渡墩也为中空薄壁钢筋混凝土结构，采用实体单元模拟，有限元模型如图 9.5 所示。

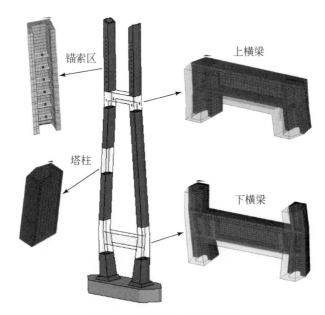

图 9.4　主塔结构有限元模型

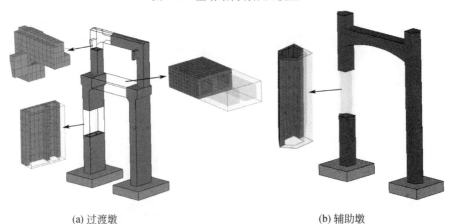

(a) 过渡墩　　　　　　　　　　　　(b) 辅助墩

图 9.5　桥墩架结构有限元模型

9.2.3　斜拉索三维有限元模型

桥梁拉索为双斜拉索结构,共 28 对,主跨和边跨各 14 对。为了能较好模拟斜拉索垂度效应引起的非线性行为,每根斜拉索依据其长度划分为 30～50 个单元,采用索单元模拟。图 9.6 为斜拉索有限元模型。

图 9.6　斜拉索结构有限元模型

9.2.4　桥梁整体三维有限元模型

依据斜拉桥设计图纸建立的三维有限元模型如图 9.7 所示。

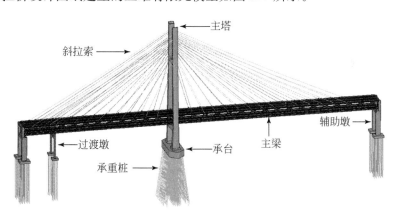

图 9.7　桥梁整体结构有限元模型

其中,斜拉索将主桁架悬挂于主塔上,传递主要荷载。主桁架与辅助墩、过渡墩之间通过局部接触的方式模拟相互作用。主塔承台处承重桩为钢管混凝土桩,共 129 根,直径 0.9m,长 60m;辅助墩和过渡墩承台处承重桩为混凝土桩,共 98 根,直径 1.0m,长 50m。承重桩采用梁单元模拟。桥梁整体有限元模型单元数 1308912,节点数 1275392。

9.2.5　桥梁结构-土体耦合体系三维有限元模型

桥梁结构通过底部承台和承重桩与周边土体耦合,为模拟桥梁结构-土体相互作用,建立了桥梁结构-土体耦合系统三维非线性有限元模型,如图 9.8 所示。土体横向尺寸为桥梁横向尺寸的 10 倍,纵向尺寸约为桥梁纵向尺寸的 2 倍,土体深度取上海地区基岩深度,约

300m。为消除边界效应,在土体周围建立了黏弹性人工边界。为消除土体单元尺寸过大造成对高频波的滤波作用,土体模型的单元尺寸控制在 5m 以内,从而保证 20Hz 以内的波能通过土体完整传播至桥梁结构。

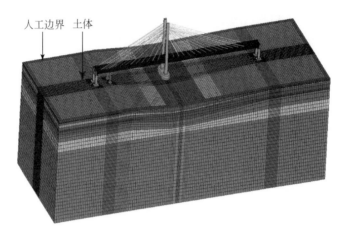

图 9.8　桥梁结构-土体耦合系统整体有限元模型

土体-桥梁结构的耦合作用主要集中在承台底部和土体之间,建模时需要使承台和土体贴合,同时又要保证承台和土体间无初始穿透。并且在土体-结构间建立耦合作用力学模型,以模拟土体-结构相互作用。耦合作用模型中将承台底面定义为从耦合面,土体面定义为主耦合面。为保证耦合计算精度,承台单元尺寸要小于土体单元尺寸。桥梁-土体耦合体系三维整体有限元模型单元数 1736160,节点数 1719320。

9.2.6　材料模型和参数

桥梁为钢结构双层斜拉桥,主桁架由不同厚度的钢板焊接而成,采用钢材型号为Q345qD,采用弹塑性动力学模型(* Mat_Plastic_Kenimatic)模拟。双层斜拉桥斜拉索采用高强度镀锌平行钢丝拉索,高密度聚丙烯护套。采用专门的拉索材料模型(* Mat_Cable_Discrete_Beam)模拟。结构钢和拉索具体材料参数见表 9.1。

表 9.1　金属材料参数

名称	密度/(kg/m³)	弹性模量/MPa	泊松比	屈服极限/MPa	切线模量/MPa
Q345qD	7850	2.06×10^5	0.3	345	2.06×10^3
斜拉索	7850	1.95×10^5	0.3	—	—

桥梁的主塔、桥墩、承重桩等结构采用了不同型号的混凝土材料,主要型号包括 C25、C30、C35、C40、C50 和 C55。主塔承台支撑桩为钢管混凝土桩,钢管采用 $\phi 900mm \times 20mm$,内灌 C25 混凝土。钢管混凝土视为复合材料,取综合弹性模量。混凝土采用线弹性材料模型模拟,具体材料参数如表 9.2 所示。

表 9.2　混凝土主要材料参数

名称	密度/(kg/m³)	弹性模量/MPa	泊松比
C25	2600	2.8×10^5	0.2
C30	2600	3.0×10^5	0.2
C35	2600	3.15×10^5	0.2
C40	2600	3.25×10^5	0.2
C50	2600	3.45×10^5	0.2
C55	2600	3.55×10^5	0.2
钢管混凝土	3056	4.56×10^5	0.2

　　斜拉索结构为柔性结构且为重要承载结构,因此在重力作用下斜拉索会有初始应力。为准确定义斜拉索初始状态,需要同时定义拉索的截面积和初始应力。表 9.3 给出了每根斜拉索的直径及成桥初始应力。本书土体本构模型采用 D-P 模型,根据地质勘探资料,土层材料参数如表 9.4 所示。

表 9.3　斜拉索直径与成桥初始应力

索号	直径/mm	初始应力/MPa	索号	直径/mm	初始应力/MPa
M1	125	284.9	F1	125	282.5
M2	111	280.7	F2	111	281.2
M3	111	284.8	F3	111	286.9
M4	125	247.0	F4	111	245.8
M5	125	266.2	F5	125	266.2
M6	125	291.1	F6	125	286.5
M7	125	308.2	F7	125	307.3
M8	133	298.2	F8	133	302.0
M9	133	308.7	F9	133	300.6
M10	133	314.8	F10	133	306.4
M11	137	304.9	F11	143	329.1
M12	137	311.6	F12	143	332.8
M13	143	300.0	F13	143	315.2
M14	143	315.2	F14	143	320.5

表 9.4　土层材料参数

土层	密度/(kg/m³)	泊松比	黏聚力/kPa	摩擦角/(°)	动弹性模量/MPa
灰色粉质黏土	1870	0.3	5	30.5	26.93
灰色淤泥质黏土1	1760	0.33	10	23	25.34
灰色淤泥质黏土2	1680	0.31	14	11.5	43.01
灰色粉质黏土	1800	0.3	21	20.6	87.12
灰色砂质粉土1	1850	0.26	7	28.3	145.04

续表

土层	密度/(kg/m³)	泊松比	黏聚力/kPa	摩擦角/(°)	动弹性模量/MPa
灰色砂质粉土2	1860	0.26	6	28.5	145.82
灰色粉砂1	1900	0.33	4	30.5	232.75
灰色粉砂2	1920	0.28	2	31.3	235.2
灰色粉细砂	2000	0.25	5	27	336.2

9.3　土体-桥梁结构耦合系统一致激励地震响应

9.3.1　桥梁一致地震荷载

上海地区抗震设防烈度为7度,在模拟计算中,选用场地地震安全性评价报告给出基岩加速度时程曲线:50年超越概率为3%基岩加速度时程曲线,作为主要分析地震激励。图9.9为基岩加速度时程曲线。考虑到桥梁为长细结构,纵向和横向动力特性区别明显。本书一致激励地震响应模拟了两种工况,横向一致激烈地震响应和纵向一致激励响应。

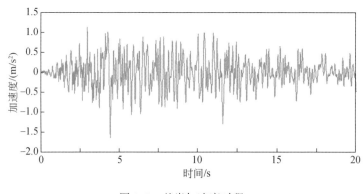

图9.9　基岩加速度时程

9.3.2　横向一致地震激励下桥梁地震响应

主塔是斜拉桥主要的承力结构,负责承担主梁和其他载荷的重量,因此主塔是斜拉桥重要的结构。桥梁主塔高近150m,在地震载荷作用下会发生一定变形,同时主塔也将承受一定的弯矩、剪力等内力。对于主塔结构,本书重点分析其在地震激励作用下的位移和内力情况。图9.10为主塔顶部横向位移时程,可知在横向一致激励下,主塔顶部横向最大位移为44mm。

图9.11为主塔相对位移包络线,相对位移以塔底为参考,反映了主塔在地震激励下的形变情况,图中,X向为桥梁纵向,Y向为桥梁横向。可以看出,在横向激励下主塔纵向变形反而更大,而且变形相对较平滑。由于主塔横向刚度大于纵向刚度,而且主梁结构通过斜索结构将

纵向力传递到主塔,从而导致主塔纵向变形大于横向。主塔顶部最大纵向变形为 35.06mm,最大横向变形为 19.48mm。主塔纵向、横向最大变形/塔高比分别为 1/4129 和 1/7431。

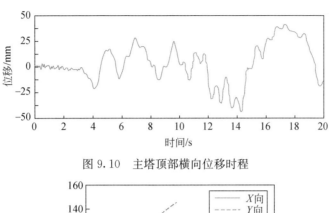

图 9.10　主塔顶部横向位移时程

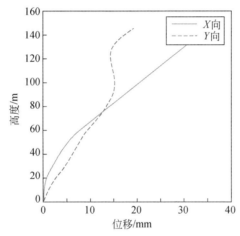

图 9.11　主塔位移包络线

图 9.12 和图 9.13 分别给出了主塔弯矩和剪力包络线,其中,X 向为桥梁纵向,Y 向为桥梁横向。可以看出,主塔弯矩和剪力从塔顶至塔底逐渐增大。纵向弯矩大于横向弯矩,纵向剪力小于横向剪力。主塔底部水平向合成弯矩为 254928.9kN·m,主塔底部水平合成剪力为 6060.7kN。

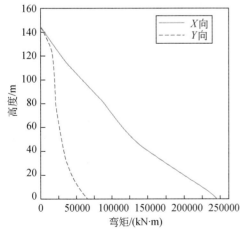

图 9.12　主塔弯矩包络线

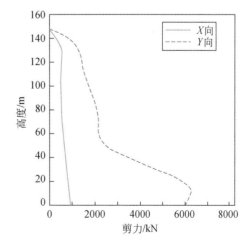

图 9.13　主塔剪力包络线

　　主梁是桥梁的重要承载结构,其刚度特性直接关系到桥梁的安全。地震激励下,主梁结构将产生一定的形变和应力。本书重点从位移和内力两个角度对地震激励下主梁结构进行分析。图9.14为主跨中和边跨中横向位移时程,从图中可知,主跨中和边跨中位移时程相近,说明主跨中和边跨中横向位移有一定的对称性。主跨中最大横向位移为26.5mm,边跨中最大横向位移为26.3mm。

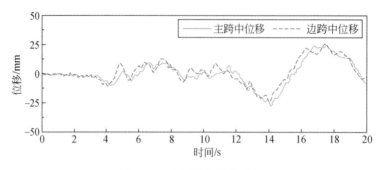

图9.14　主梁横向位移时程

　　图9.15为主梁相对位移包络线,相对位移以主塔所在位置为参考,其中 X 向为桥梁纵向,Y 向为桥梁横向,反映了主梁不同位置的变形情况。可以看出,横向地震激励下,主梁变形以主塔位置为中心呈一定的对称性,最大纵向变形为 25.23mm,最大横向变形为7.06mm,主梁纵向变形大于横向变形。

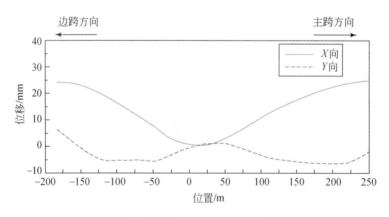

图9.15　主梁位移包络线

　　为了进一步分析主梁结构地震激励下的内力特性,在主梁上标定了11个关键位置作为主要监测点,图9.16给出了主梁关键位置示意。主梁结构由多个连续标准单元构成。如图9.3所示,斜腹杆、下弦杆和下横梁是其中比较重要的构件,本书重点分析地震激励下主梁斜腹杆、下弦杆和下横梁的等效应力状况。

　　图9.17给出了横向一致激励下,主跨中和边跨中标准单元的等效应力云图分布情况。可以看出,主梁结构标准单元各构件应力分布较为复杂,并且不同构件受力状态随不同地震激励时刻发生变化。从整体上看,主梁斜腹杆、下弦梁和下横梁承担了较大载荷。

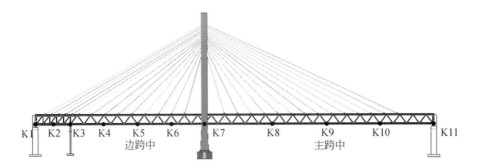

图 9.16　主梁关键位置

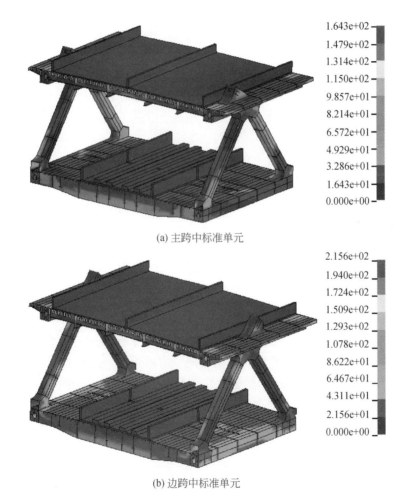

(a) 主跨中标准单元

(b) 边跨中标准单元

图 9.17　主跨中和边跨中标准单元的有效应力

图 9.18 给出了主梁 11 个关键位置主要构件的最大应力分布情况。可以看出,主梁不同位置构件最大等效应力分布规律较为复杂,但是应力水平较低,横向一致地震激励下构件最大等效应力为 80.3MPa,远低于材料的屈服应力,从应力角度分析,主梁结构具有很好的安全性。

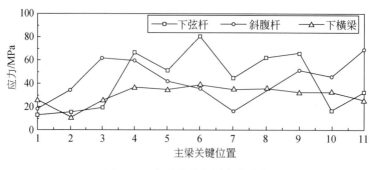

图 9.18　主梁关键位置应力分布

9.3.3　纵向一致地震激励下桥梁地震响应

纵向一致地震激励下,本书对于主塔结构的分析重点和横向一致地震激励一样,主要分析主塔的位移和内力情况。图 9.19 为主塔顶部纵向位移时程,可知在纵向一致地震激励下,主塔顶部纵向最大位移为 42mm。

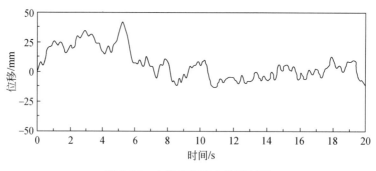

图 9.19　主塔顶部纵向位移时程

图 9.20 为主塔相对位移包络线,相对位移以塔底为参考,反映了主塔在地震激励下的变形情况,图中 X 向为桥梁纵向,Y 向为桥梁横向。可以看出,在纵向地震激励下主塔纵向变形较大,变形中间大两端小呈弓形,而横向几乎未发生变形。由于主塔横向刚度大于纵向刚度,而且主梁结构通过斜索结构将纵向力传递到主塔,从而导致纵向地震激励下主塔纵向变形远大于横向。主塔最大纵向变形为 29.78mm,最大横向变形为 0.75mm。主塔纵向、横向最大变形/塔高分别为 1/4861 和 1/193020。

图 9.21 和图 9.22 分别给出了纵向地震激励下主塔弯矩和剪力包络线,其中 X 向为桥梁纵向,Y 向为桥梁横向。可以看出,主塔弯矩和剪力从塔顶至塔底逐渐增大。横向弯矩大于纵向弯矩,横向剪力小于纵向剪力,这一点与横向地震激励正好相反。主塔底部水平向合成弯矩为 236992.8kN·m,主塔底部水平合成剪力为 11984.3kN。

纵向一致地震激励下,本书对于主梁结构的分析重点和横向一致激励一样,主要分析主塔的位移和内力情况。图 9.23 为主跨中和边跨中纵向位移时程,从图中可知,主跨中和边跨中位移时程曲线相近,但幅值存在偏差,说明主跨和边跨纵向位移有一定的相似性。主跨中最大纵向位移为 45.3mm,边跨中最大纵向位移为 31.5mm。

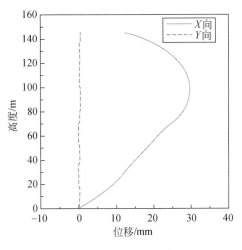

图 9.20　主塔位移包络线

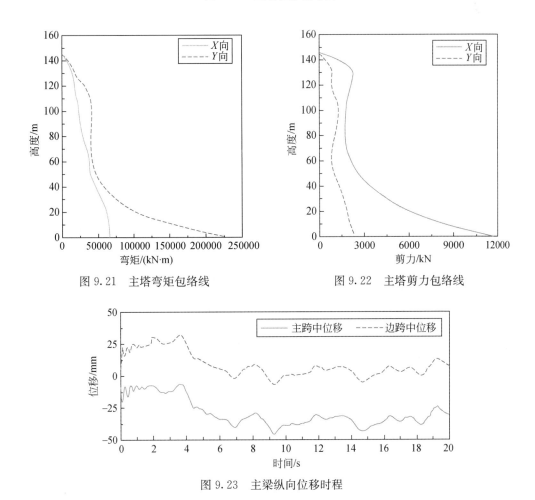

图 9.21　主塔弯矩包络线　　　　　图 9.22　主塔剪力包络线

图 9.23　主梁纵向位移时程

图 9.24 为主梁相对位移包络线，相对位移以主塔所在位置为参考，其中 X 向为桥梁纵向，Y 向为桥梁横向，反映了主梁不同位置的变形情况。可以看出，纵向地震激励下，主梁纵

向变形以主塔位置为中心呈一定对称性,横向几乎不发生变形。最大纵向变形为
34.28mm,最大横向变形为0.83mm,主梁纵向变形大于横向变形。

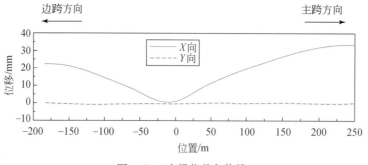

图9.24　主梁位移包络线

图9.25给出了纵向一致激励下,主跨中和边跨中标准单元等效应力云图分布情况。从
图中可以看出,主梁斜腹杆、下弦梁和下横梁承担了较大的载荷。

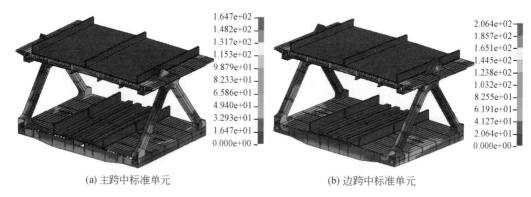

(a) 主跨中标准单元　　　　　　　　　　(b) 边跨中标准单元

图9.25　主跨中和边跨中标准单元的有效应力

图9.26给出了主梁11个关键位置主要构件的最大应力分布情况。可以看出,主梁不
同位置构件最大等效应力分布规律较为复杂,但是应力水平较低,纵向一致地震激励下构件
最大等效应力为84.35MPa,远低于材料的屈服应力,从应力角度分析,主梁结构具有很好的
安全性。

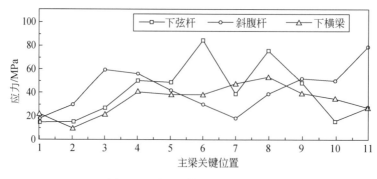

图9.26　主梁关键位置应力分布

为进一步分析一致地震激励下桥梁结构的变形情况,表 9.5 列出了不同工况下桥梁主要结构的最大变形值,其中,主塔变形长度比为主塔最大变形与主塔高度的比值,主梁最大变形指的是桥梁的挠跨比。从表 9.5 可知,主塔最大变形/高度比为 1/4129,属于较小的范围,主塔结构较安全。主梁最大挠跨比为 1/7324,远远小于 $L/550$(L 为主跨跨径),斜拉桥满足设计的刚度要求。

表 9.5　桥梁主要结构变形分析

主要结构	方向	横向一致激励		纵向一致激励	
		最大变形/mm	变形长度比	最大变形/mm	变形长度比
主塔	纵向	35.06	1/4129	29.78	1/4861
	横向	19.48	1/7431	0.75	1/193020
主跨	纵向	25.23	1/9952	34.28	1/7324
	横向	7.06	1/35563	0.28	1/539575
边跨	纵向	24.40	1/7569	22.76	1/8114
	横向	5.63	1/32082	0.83	1/222500

9.4　土体-桥梁结构耦合系统行波激励地震响应

9.4.1　桥梁非一致地震荷载

对于桥梁等具有较大尺寸的结构,地震动的空间变化将可能对其产生非常显著的影响,故在此类结构分析工作中,非一致地震激励下结构响应研究将是不可忽略的一环。在桥梁传统抗震分析方法的基础上,考虑地震波行波效应模拟了大跨度桥梁在横向和纵向行波地震激励下的响应。在进行结构动力响应分析时,非一致激励加载方式即考虑行波效应对结构地震响应的影响,地层中基底不同位置点受到的地震激励是不同步的。图 9.27 为非一致激励地震动输入示意图。

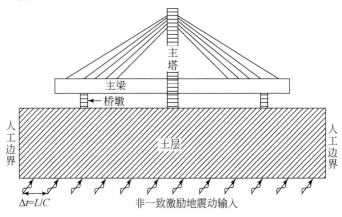

图 9.27　非一致激励地震动输入示意图

假设地震波的传播方向与桥梁长度方向是一致的。考虑行波效应时,基底各点受到的地震激励有一个相位差 Δt,即当前点在 t 时刻开始受到地震激励作用,则与其相邻的下一点要在 $t+\Delta t$ 时刻开始受到地震激励作用。该相位差 Δt 就是地震波从基底一点传到相邻的下一点所用时间,即

$$\Delta t = \frac{L}{C} \tag{9.1}$$

式中,L 是沿地震波传播方向相邻点的距离;C 是地震波在基底的传播速度。

如果模型基底上一点在 t 时刻地震加速度为 $\mathrm{x}_{g,i}(t)$,则与其相邻点 j 所对应的地震加速度为

$$\begin{cases} \boldsymbol{x}_{g,j}(t) = \boldsymbol{x}_{g,i}(t), & \dfrac{L}{C} < \Delta t_1 \\[2mm] \boldsymbol{x}_{g,j}(t) = \boldsymbol{x}_{g,i}(t+n\Delta t), & \dfrac{L}{C} > \Delta t_1 \end{cases} \tag{9.2}$$

式中,时间间隔 Δt_1 与所输入地震波记录的时间步长有关。

此外,式(9.2)表明改变地震波在基底中的传播速度可以调整相位差的变化。根据上海市土层地质特点,选取 1000m/s 视波速进行计算分析,以体现非一致地震激励相位差对结构的影响,其余参数设置同一致性地震激励。

9.4.2　横向行波地震激励下桥梁地震响应

横向行波地震激励下,本书对于主塔结构的分析重点和一致地震激励一样,主要分析主塔的位移和内力情况。图 9.28 为主塔顶部横向位移时程,由图可知在横向行波地震激励下,主塔顶部横向最大位移为 43.1mm。

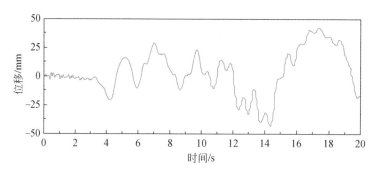

图 9.28　主塔顶部横向位移时程

图 9.29 为主塔相对位移包络线,相对位移以塔底为参考,反映了主塔在地震激励下的形变情况,图中,X 向为桥梁纵向,Y 向为桥梁横向。可以看出,在横向行波地震激励下主塔纵向变形反而更大,而且变形相对较平滑。由于主塔横向刚度大于纵向刚度,而且主梁结构通过斜索结构将纵向力传递到主塔,从而导致主塔纵向变形大于横向。主塔顶部最大纵向变形为 39.37mm,最大横向变形为 17.82mm。主塔纵向、横向最大变形/塔高比分别为 1/3677 和 1/8124。

图 9.30 和图 9.31 分别给出了主塔弯矩和剪力包络线,其中,X 向为桥梁纵向,Y 向为

桥梁横向。可以看出，主塔弯矩和剪力从塔顶至塔底逐渐增大。纵向弯矩大于横向弯矩，纵向剪力小于横向剪力。主塔底部水平向合成弯矩为 249861.9kN·m，主塔底部水平合成剪力为 3927.2kN。

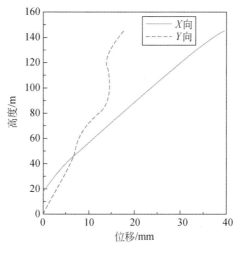

图 9.29　主塔位移包络线

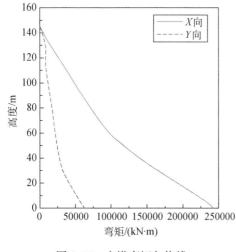

图 9.30　主塔弯矩包络线

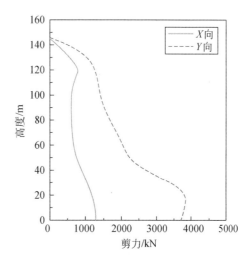

图 9.31　主塔剪力包络线

横向行波地震激励下，本书对于主梁结构的分析重点和一致地震激励一样，主要分析主塔的位移和内力情况。图 9.32 为主跨中和边跨中纵向位移时程，可以看出，主跨中和边跨中位移幅值相近，但位移波形有一定差异。主跨中最大横向位移为 26.7mm，边跨中最大横向位移为 25.6mm。

图 9.33 为主梁相对位移包络线，相对位移以主塔所在位置为参考，其中，X 向为桥梁纵向，Y 向为桥梁横向，反映了主梁不同位置的变形情况。可以看出，横向行波地震激励下，主梁纵向变形大于横向变形，最大纵向变形为 27.39mm，最大横向变形为 8.43mm，主梁纵向变形大于横向变形。

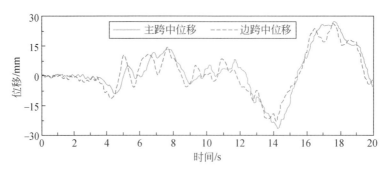

图 9.32　主梁横向位移时程

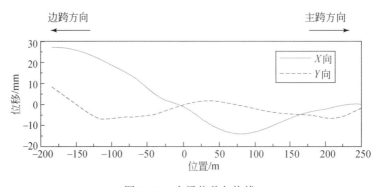

图 9.33　主梁位移包络线

图 9.34 给出了横向行波激励下,主跨中和边跨中标准单元的等效应力云图分布情况。可以看出,主梁斜腹杆、下弦梁和下横梁承担了较大的载荷。

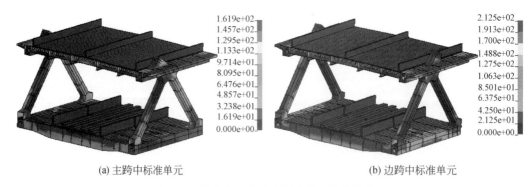

(a) 主跨中标准单元　　　　　　　　(b) 边跨中标准单元

图 9.34　主跨中和边跨中标准单元的有效应力

图 9.35 给出了主梁 11 个关键位置主要构件的最大应力分布情况。可以看出,主梁不同位置构件最大等效应力分布规律较为复杂,但是应力水平较低,横向一致地震激励下构件最大等效应力为 86.07MPa,远低于材料的屈服应力,从应力角度分析,主梁结构具有很好的安全性。

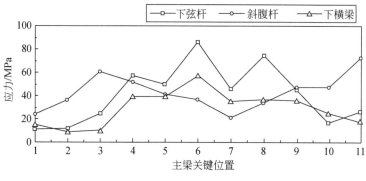

图 9.35 主梁关键位置应力分布

9.4.3 纵向行波地震激励下桥梁地震响应

纵向行波地震激励下桥梁地震响应,本书对于主塔结构的分析重点和横向行波激励一样,主要分析主塔的位移和内力情况。图 9.36 为主塔顶部纵向位移时程,可以看出,在纵向行波激励下,主塔顶部纵向最大位移为 46.4mm。

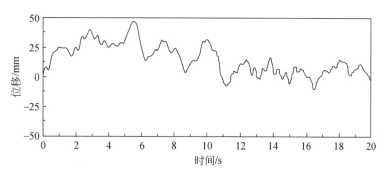

图 9.36 主塔顶部纵向位移时程

图 9.37 为主塔相对位移包络线,相对位移以塔底为参考,反映了主塔在地震激励下的变形情况,图中,X 向为桥梁纵向,Y 向为桥梁横向。可以看出,在纵向行波地震激励下主塔纵向变形较大,变形中间大两端小呈弓形,而横向几乎未发生变形。由于主塔横向刚度大于纵向刚度,而且主梁结构通过斜索结构将纵向力传递到主塔,从而导致纵向行波地震激励下主塔纵向变形远大于横向变形。主塔最大纵向变形为 17.78mm,最大横向变形为 1.716mm。主塔纵向、横向最大变形/塔高比分别为 1/8142 和 1/84168。

图 9.38 和图 9.39 分别给出了纵向地震激励下主塔弯矩和剪力包络线,其中,X 向为桥梁纵向,Y 向为桥梁横向。可以看出,主塔弯矩和剪力从塔顶至塔底逐渐增大。横向弯矩大于纵向弯矩,横向剪力小于纵向剪力,这一点与横向行波地震激励时正好相反。主塔底部水平向合成弯矩为 193001.3kN·m,主塔底部水平合成剪力为 5447kN。

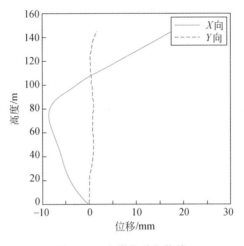

图 9.37　主塔位移包络线

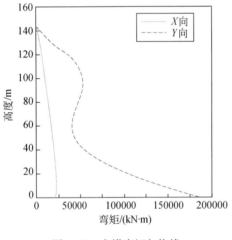

图 9.38　主塔弯矩包络线

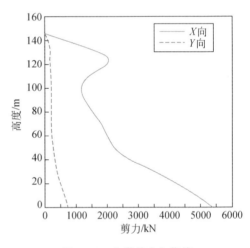

图 9.39　主塔剪力包络线

纵向行波地震激励下,本书对于主梁结构的分析重点和横向行波激励一样,主要分析主塔的位移和内力情况。图 9.40 为主跨中和边跨中纵向位移时程,可以看出,主跨中和边跨中位移时程曲线相近,但幅值存在一定偏差,说明主跨和边跨纵向位移有一定的相似性。主跨中最大纵向位移为 44.2mm,边跨中最大纵向位移为 39.5mm。

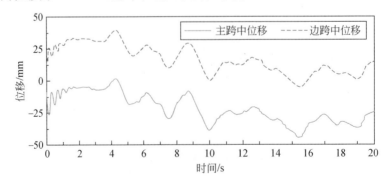

图 9.40　主梁纵向位移时程

　　图 9.41 为主梁相对位移包络线,相对位移以主塔所在位置为参考,其中,X 向为桥梁纵向,Y 向为桥梁横向,反映了主梁不同位置的变形情况。可以看出,纵向行波地震激励下,主梁纵向变形以主塔位置为中心呈一定的对称性,横向几乎不发生变形。最大纵向变形为29.31mm,最大横向变形为 3.15mm,主梁纵向变形大于横向变形。

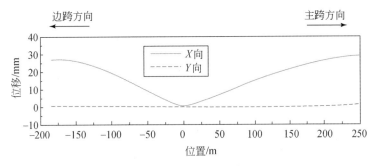

图 9.41　主梁位移包络线

　　图 9.42 给出了纵向行波激励下,主跨中和边跨中标准单元的等效应力云图分布情况。可以看出,主梁斜腹杆、下弦梁和下横梁承担了较大载荷。

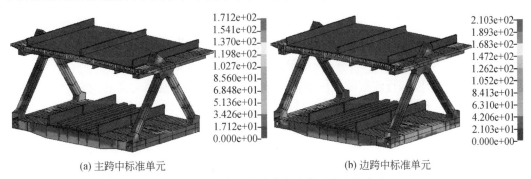

(a) 主跨中标准单元　　　　　　　　　　(b) 边跨中标准单元

图 9.42　主跨中和边跨中标准单元的有效应力

　　图 9.43 给出了主梁 11 个关键位置主要构件的最大应力分布情况。从图中可知,主梁不同位置构件最大等效应力分布规律较为复杂,但是应力水平较低,在纵向一致地震激励下构件最大等效应力为 88.16MPa,远低于材料的屈服应力,从应力角度分析,主梁结构具有很好的安全性。

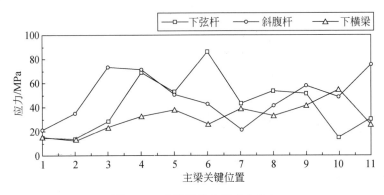

图 9.43　主梁关键位置应力分布

为进一步分析行波地震激励下桥梁结构的变形情况,表 9.6 列出了不同工况下桥梁主要结构的最大变形值,其中,主塔变形长度比为主塔最大变形与主塔高度的比值,主梁最大变形指的是桥梁的挠跨比。由表 9.6 中可知,主塔最大变形/高度比为 1/3677,属于较小的范围,主塔结构较安全。主梁最大挠跨比为 1/5156,远远小于 $L/550$(L 为主跨跨径),斜拉桥满足设计刚度要求。

表 9.6　桥梁主要结构变形分析　　　　　　　（单位:mm）

主要结构	方向	横向行波激励		纵向行波激励	
		最大变形	变形长度比	最大变形	变形长度比
主塔	纵向	39.37	1/3677	17.78	1/8142
	横向	17.82	1/8124	1.72	1/84168
主跨	纵向	14.19	1/17694	29.30	1/5156
	横向	7.16	1/21101	3.15	1/47962
边跨	纵向	27.39	1/6742	27.68	1/6671
	横向	8.43	1/22147	2.18	1/84713

9.5　一致激励与行波激励桥梁地震响应对比

为研究一致激励和行波激励下桥梁结构地震响应的区别,选取时滞相对较大的纵向为例,对比了纵向一致激励和纵向行波激励下的地震响应。图 9.44 为主塔顶部纵向位移时程,可以看出,纵向行波激励下主塔顶部绝对位移大于纵向一致地震激励。

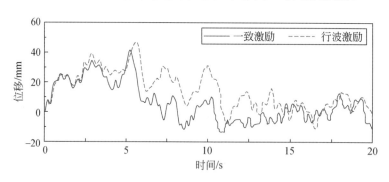

图 9.44　主塔顶部纵向位移时程

由于纵向激励下,主塔横向相对变形较小,因此主要对比主塔纵向变形。图 9.45 为主塔纵向相对位移包络线,相对位移以塔底为参考,反映了主塔在地震激励下的变形情况。可以看出,纵向一致激励下主塔纵向变形和纵向行波激励下变形相似,变形中间大两端小呈弓形。纵向一致激励变形大于纵向行波激励,说明一致激励下主塔结构响应大于行波激励。

图 9.46 和图 9.47 分别给出了纵向地震激励下主塔弯矩和剪力包络线。可以看出,纵向一致激励和纵向行波激励下主塔弯矩和剪力包络线相似,一致激励下弯矩和剪力均大于行波激励,说明主塔在纵向一致激励下响应大于行波激励。

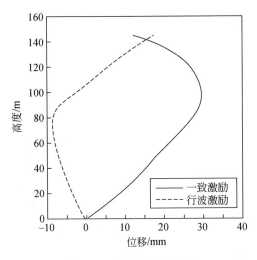

图 9.45　主塔位移包络线

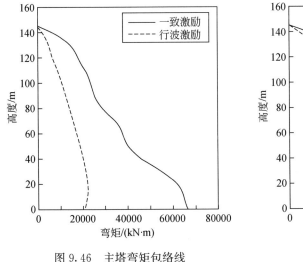

图 9.46　主塔弯矩包络线

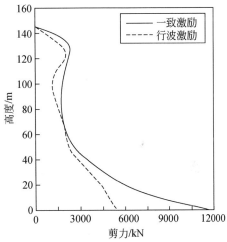

图 9.47　主塔剪力包络线

　　由于纵向激励下,主梁横向相对变形较小,因此主要对比主梁纵向变形。图 9.48 为主梁纵向相对位移包络线,相对位移以主塔所在位置为参考,反映了主梁不同位置的变形情况。可以看出,以主塔为中心,纵向一致激励和行波激励下主梁变形呈现一定的对称特性,一致激励下主跨部分位移大于行波激励,边跨部分位移小于行波激励。

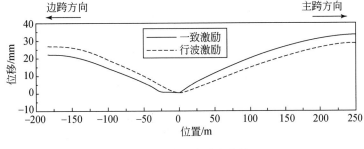

图 9.48　主梁位移包络线

　　表 9.7 列出了纵向一致激励和纵向行波激励下桥梁主要结构的最大变形值。从表中可知,纵向行波激励下主塔纵行变形和主跨纵行变形均小于纵向一致激励,但纵向行波激励下边跨纵向变形大于纵向一致激励。纵向激励下桥梁主要构件横向变形均较小,行波激励下横向变形略大于一致激励。

表 9.7　桥梁主要结构变形分析　　　　　　　　　　　　　　　（单位:mm）

主要结构	方向	纵向最大变形		横向最大变形	
		一致地震激励	行波地震激励	一致地震激励	行波地震激励
主塔	纵向	29.78	17.78	0.75	1.72
主跨	纵向	34.28	29.30	0.28	3.15
边跨	纵向	22.76	27.68	0.83	2.18

9.6　本 章 小 结

　　本章进行了考虑土体-结构耦合作用的桥梁结构抗震分析。根据该斜拉桥结构的复杂性,首先建立了主塔结构、桥墩结构、桩基结构、拉索结构和主梁结构的三维精细有限元模型,同时建立了斜拉桥周边土体结构有限元模型,在桥墩承台结构模型和土体有限元模型之间建立了土体-结构耦合模型。

　　在桥梁精细有限元模型基础上,采用动力时程分析方法对桥梁结构进行了地震响应分析。根据桥梁结构周边土体特性,选取结构响应较大的地震波作为输入激励,地震烈度为 50 年超越概率 3%。按照激励方式不同,计算工况包括横向一致激励、纵向一致激励、横向行波激励和纵向行波激励四种工况。针对不同工况下主塔结构地震响应和主梁结构地震响应进行分析。对于主塔结构主要从变形和内力角度分析,对于主梁结构主要从变形和应力角度分析。横向激励下,主塔横向和纵向均表现出一定的位移响应,横向剪力较大而纵向弯矩较大。纵向激励下,主塔纵向表现出一定的位移响应,但横向位移几乎为零,纵向剪力较大而横向弯矩较大,主塔变形绝对值较小,最大主塔位移/高度比为 1/3677,主塔结构相对安全。横向激励下,以主塔为参考,主梁两端均有一定横向和纵向相对变形。纵向激励下,以主塔为参考,主梁两端有一定的纵向相对变形,但横向相对变形几乎为零。主梁变形绝对值较小,最大主梁挠跨比为 1/6671,远远小于 $L/550$(L 为主跨跨径),斜拉桥满足设计刚度要求。主梁结构标准单元各构件应力分布较为复杂,从整体上看,主梁斜腹杆、下弦梁和下横梁承担了较大的载荷。从应力值看,主梁结构应力值小于 100MPa,主梁处于安全状态。

　　本章最后选取纵向一致激励和纵向行波激励下桥梁结构响应进行对比。纵向一致激励下主塔结构的变形响应和内力响应均大于纵向行波激励。主梁结构以主塔为中心,一致激励下主跨部分位移大于行波激励,边跨部分位移小于行波激励。本章桥梁结构地震响应数值模拟,较好地分析了不同激励输入方式下桥梁结构的地震响应,为桥梁抗震设计及安全评估提供了参考。

第10章 建筑工程地震响应并行计算的应用实例

10.1 引　言

随着城市化进程的深入发展,超高层建筑已经成为城市建设工程关注的焦点。超高层建筑不仅以其独特的造型、超群的高度成为城市的地标,而且以其超强的容纳能力、完善的配套设施成为城市商业、贸易和办公集散地。随着新型高强度材料以及新建筑技术的应用,建筑结构变得越来越富有弹性。一方面追求更加极限的高度,以国内超高层建筑为例,目前已建成的南京紫峰大厦、深圳京基100大厦、广州国际金融中心、上海金茂大厦和香港国际金融中心二期等,建筑高度均超过400m;另一方面建筑结构更趋向于追求多功能内部结构和独特的外部造型,从而在保证功能多样化的同时满足建筑的审美要求。随着高层建筑的发展,建筑立面越来越多样化,玻璃幕墙结构在高层建筑中的应用也越来越广泛。就我国而言,每年玻璃幕墙产量达500万㎡以上,价值数十亿元。玻璃幕墙作为建筑重要附属结构,其抗震性能直接关系到整个建筑物的安全性,是建筑抗震设计需要重点考虑的问题。

本章以上海某玻璃幕墙结构大厦为例,介绍抗震建模仿真过程及结果分析。首先建立了大厦主体结构、外部幕墙结构、桩筏基础结构和土体结构三维非线性有限元模型,结合土体-结构耦合作用模型建立了土体-建筑耦合关系。然后以大厦抗震设计要求为依据,选取四条地震波,分别对不同地震烈度下建筑结构的地震响应进行分析。

本书由于考虑了土体-结构耦合效应,相对于刚性地基假设能更真实地分析建筑结构地震响应。另外,建筑主体结构和幕墙结构的精细化建模,能对建筑局部结构,尤其是幕墙细节结构地震响应进行分析,从而获得简化模型无法获取的丰富分析数据。数值分析结果为建筑结构安全性评估提供了技术支持。

10.2 土体-超高层建筑结构耦合系统全三维非线性数值建模

上海某玻璃幕墙结构大厦高632m,共有126层,由主体结构和外部悬挂式幕墙结构组成,沿竖向分为8个区域和塔冠部分。在每个区域均布置有设备层,从而将外部幕墙分为9个幕墙区域。整个建筑总面积约38万㎡,地下室面积约14万㎡。建筑主体结构采用巨型框架-核心筒-伸臂桁架结构体系。巨型框架结构由8根巨型柱、4根角柱以及8道位于加强层的环带桁架组成,巨型柱和角柱均采用钢筋混凝土结构。核心筒也为钢筋混凝土结构,根据建筑的结构特点由低层的方形逐渐过渡到高层的十字形。大厦共布置了6道伸臂桁架,分别位于2区、4区、5~8区加强层。伸臂桁架贯穿核心筒,并与两侧的巨型柱相连,从而增加了巨型框架的总体抗倾覆能力[168,169]。图10.1为大厦结构的剖面图。

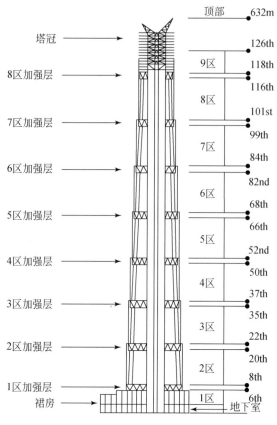

图 10.1　大厦结构剖面图

　　大厦的楼层结构分为标准层和加强层,每个区域的顶端为两层加强层,加强层之间为标准层。标准层楼层呈圆形平面,圆心沿高度方向对齐,半径随楼层逐渐收缩;加强层楼层为三角形平面,承载机电设备和外部悬挂式幕墙重量。外部幕墙结构平面投影近似为尖角削圆的等边三角形,从建筑底部扭转缩小直到顶部,每层扭转约 1°,总扭转角约 120°;每层缩小比例约 0.5%,总缩小比例约 52.8%,图 10.2 和图 10.3 分别为标准层和加强层平面图。

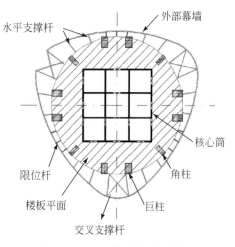

图 10.2　大厦标准层平面图

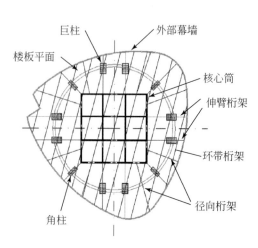

图 10.3　大厦加强层平面图

大厦采用桩-筏基础结构,主楼圆形基坑直径121m,面积11500m²,开挖深度31m,底部筏基厚6m。围护形式采用环行地下连续墙,地下连续墙厚1.2m,成槽深度50m。大厦采用钻孔灌注桩作为承重桩基,主楼桩总数955根,桩径为1m。其中核心筒下A型桩247根,成孔深度86m,有效桩长56m;核心筒外B型桩708根,成孔深度82m,有效桩长52m。

本研究采用非线性三维建模方法,根据大厦实际结构尺寸,按照1∶1的比例建立了土体-大厦耦合系统三维非线性有限元模型。模型分别采用实体单元、壳单元、梁单元和质量单元模拟不同结构,对局部结构进行精细化建模,最大程度再现了结构空间位置、几何尺寸、连接方式,因此可以得到更准确、详细的计算数据。

10.2.1 大厦主体结构三维有限元模型

巨型柱结构是大厦的主要承重结构,同时巨型柱还必须分担部分水平侧向荷载。巨型柱截面均是从底部向上逐渐收缩,其中,8根巨柱截面从底部的3.7m×5.3m逐渐收缩到118层的1.9m×2.4m。4根角柱截面从底部的3.7m×5.3m逐渐收缩到68层的1.9m×2.4m。巨型柱采用实体单元进行模拟,完全还原真实结构的尺寸。巨型柱有限元模型如图10.4所示。

核心筒结构是大厦的主要抗侧力结构,承担较多的水平力作用,如风载荷和地震载荷。核心筒结构由1~4区的矩形结构逐渐过渡到5~8区的十字结构,核心筒墙厚从底部到顶部逐渐变小,1~2区核心筒墙厚1.2m,3区核心筒墙厚1.0m,4区核心筒墙厚0.8m,5区核心筒墙厚0.7m,6~8区核心筒墙厚0.6m。核心筒墙体结构采用壳单元模型,分段墙体间通过连接梁连接,连接梁结构采用梁单元模拟。核心筒模型完全反映了真实结构的实际尺寸,如图10.5所示为核心筒结构有限元模型。楼板将巨型柱和核心筒连接在一起,同时起到承受建筑内部设施重量的作用,楼板分为标准层楼板和加强层楼板,采用壳单元进行模拟,图10.6为楼板结构有限元模型。

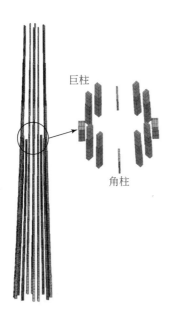

图10.4 巨型柱有限元模型

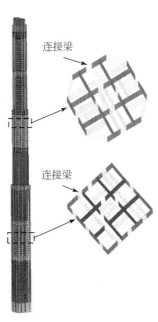

图10.5 核心筒有限元模型

加强层楼板

标准层楼板

图 10.6　楼板有限元模型

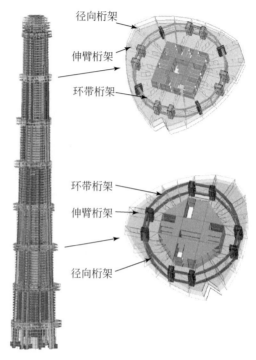

径向桁架

伸臂桁架

环带桁架

环带桁架

伸臂桁架

径向桁架

图 10.7　大厦主体结构有限元模型

巨型柱、核心筒、楼板以及附属梁结构共同组成了大厦主体结构，图 10.7 为大厦主体结构有限元模型。加强层设施有伸臂桁架、径向桁架和环带桁架结构，通过三组桁架结构将巨型柱、核心筒和楼板连接在一起，伸臂桁架同时需要承受外部悬挂式幕墙重量，并将其传递至巨型柱和核心筒结构。部分结构简化等效为质量点施加于主体结构上。大厦主体结构有限元模型包括实体单元、壳单元、梁单元和质量单元。

10.2.2　大厦幕墙结构三维有限元模型

图 10.8 和图 10.9 分别为独立分区幕墙支撑结构和幕墙玻璃结构有限元模型。幕墙结构由幕墙支撑结构和幕墙玻璃结构组成，支撑结构由吊杆、环梁和水平支撑杆组成，均为不同截面类型的杆件结构。幕墙玻璃安装在环梁结构上，通过吊杆结构悬挂于设备层楼板上，单层楼板与环梁之间设置水平支撑杆，其与环梁采用固定连接，与楼板采用铰接连接。本章采用梁单元模拟幕墙支撑结构杆件，采用壳单元模拟幕墙玻璃结构，均按实际尺寸建立。为模拟幕墙结构螺旋式上升特征，对单层幕墙支撑结构采用逐层扭转收缩的方式建模，从而真实还原了幕墙支撑结构的特点。

为了完全还原幕墙支撑结构之间的空间构造以及幕墙结构与主体结构之间相互连接的关系，本章采用了精细化建模方法，最大程度还原了幕墙结构的真实状况。图 10.10 给出了幕墙结构的精细有限元模型，由于幕墙结构随楼层升高逐渐的扭转收缩特性，因此造成了幕墙玻璃之间的错层结构，为连接相邻两层间的幕墙玻璃，采用壳单元构造了连接曲梁模型，幕墙玻璃之间建立了龙骨模型。

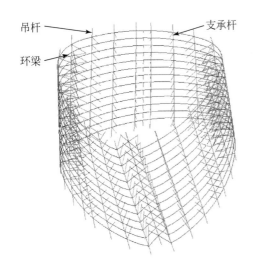

图 10.8　幕墙支承结构有限元模型

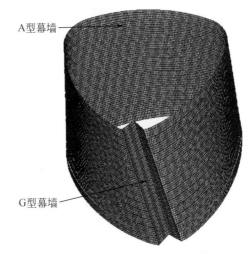

图 10.9　幕墙玻璃结构有限元模型

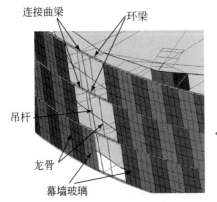

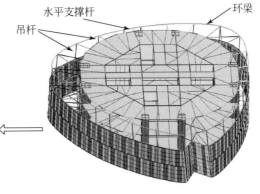

图 10.10　幕墙结构精细有限元模型

　　大厦主体结构和外部幕墙结构共同组成了大厦总体结构,图 10.11 为大厦整体有限元模型。大厦塔冠结构呈花瓣状特殊结构,顶部采用密封设计。本章依据实际尺寸和结构特点,建立了大厦塔冠模型。大厦裙房结构为其重要的结构组成部分,其幕墙采用 A 型幕墙,分为两部分,其中一部分与大厦 1 区主体结构相连,另一部分为独立结构,与大厦主体结构相互独立。大厦整体有限元模型单元数为 500930,节点数为 591493,大厦整体模型总质量为 7112938kN。

　　幕墙支撑结构和主体结构中部分刚梁结构为不同截面形状的结构钢,所使用的结构钢有 Q235、Q345 和 Q390,玻璃龙骨结构为铝合金材料,本书采用弹塑性动力学模型(＊Mat_Plastic_Kenimatic)模拟结构钢和铝合金,主要计算参数如表 10.1 所示。玻璃为脆性材料,本书采用线弹性模型模拟。玻璃密度为 $2560kg/m^3$,弹性模量为 $7.2 \times 10^4 MPa$,泊松比为 0.2。

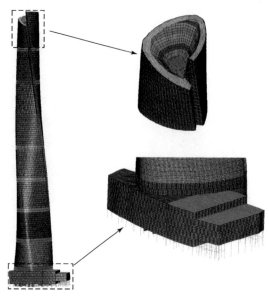

图 10.11　大厦整体有限元模型

表 10.1　金属材料参数

名称	密度/(kg/m³)	弹性模量/MPa	泊松比	屈服极限/MPa	切线模量/MPa
Q235	7710	2.06×10^5	0.3	235	2.06×10^3
Q345	7710	2.06×10^5	0.3	345	2.06×10^3
Q390	7710	2.06×10^5	0.3	372	2.06×10^3
Al	2800	7.00×10^4	0.33	190.5	7.00×10^2

10.2.3　大厦结构-土体耦合体系三维整体有限元模型

　　大厦底部采用桩筏基础结构加固,建模时充分考虑了筏基与大厦主体结构的连接,筏基、地下连续墙与周边土体的耦合。模型采用实体单元模拟筏基结构和连续墙结构,采用梁单元模拟桩结构。建筑结构和土体间耦合作用主要集中在连续墙外表面以及筏基底面。建模时需要使结构面和土体贴合,同时又要保证结构面和土体间无初始穿透。并且在结构面和土体间建立耦合作用力学模型,以模拟土体-结构相互作用。耦合作用模型中将连续墙外表面和筏基底面定义为从耦合面,土体面定义为主耦合面。为保证耦合作用计算精度,连续墙和筏基单元尺寸要小于土体单元尺寸。图 10.12 为桩筏基础结构有限元模型,图 10.13为桩筏基础结构与土体耦合作用有限元模型。

　　大厦周边土体采用实体单元模拟,并且采用分层建模方法建立分层土体模型。土体呈圆柱状结构,为消除土体边界效应对计算的影响,土体直径取 10 倍大厦基底直径,土体深度取上海地区基岩深度,约 300m。为消除边界效应,土体模型周围建立了黏弹性人工边界。为消除土体单元尺寸过大造成对高频波的滤波作用,土体模型的单元尺寸控制在 5m 以内,从而保证 20Hz 以内的波能通过土体完整传播至大厦结构。大厦结构-土体耦合作用体系整体有限元模型单元数1088390,节点数 1195272。如图 10.14 所示为大厦结构-土体耦合系统三维整体有限元模型。

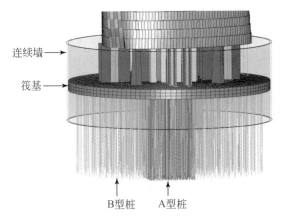

图 10.12　桩筏基础结构有限元模型

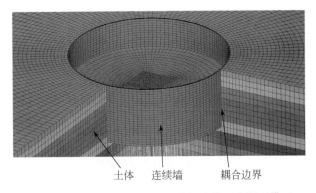

图 10.13　桩筏基础结构与土体耦合作用有限元模型

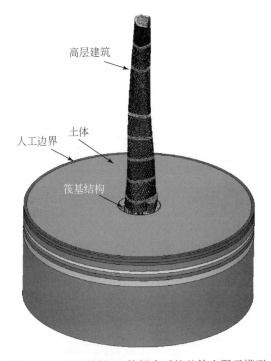

图 10.14　大厦结构-土体耦合系统整体有限元模型

　　大厦主体结构中的巨柱、楼板和剪力墙以及底部桩筏基础结构中的筏基、连续墙和桩由不同强度等级的混凝土构成,使用的混凝土等级有 C45、C50、C55、C60 和 C70。本书采用三段线性弹塑性损伤模型模拟混凝土材料[170],其单轴受压时应力-应变曲线如图 10.15 所示。具体通过(* Mat_Piecewise_Linear_Plasticity)材料模型,定义屈服强度和屈服阶段分段应力-应变曲线实现,主要计算参数如表 10.2。本书土体本构模型采用 D-P 模型,根据地质勘探资料,土层材料参数如表 10.3 所示。

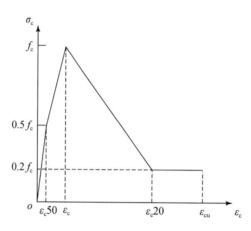

图 10.15　混凝土应力-应变曲线

表 10.2　混凝土材料参数

名称	密度/(kg/m³)	弹性模量/MPa	泊松比	抗拉强度/MPa	抗压强度/MPa
C45	2400	3.35×10^4	0.2	1.80	21.1
C50	2400	3.45×10^4	0.2	1.89	23.1
C55	2400	3.55×10^4	0.2	1.96	25.3
C60	2400	3.60×10^4	0.2	2.04	27.5
C70	2400	3.70×10^4	0.2	11.18	31.8

表 10.3　土层材料参数

土层	密度/(kg/m³)	泊松比	黏聚力/kPa	摩擦角/(°)	动弹性模量/MPa
灰褐色砂质粉土	1860	0.35	28	27	15.07
灰色淤泥质黏土1	1760	0.33	10	23	25.34
灰色淤泥质黏土2	1680	0.31	14	11.5	43.01
灰色粉质黏土	1800	0.3	21	20.6	87.12
灰色砂质粉土	1860	0.26	6	28.5	145.82
灰色粉砂	1920	0.28	2	31.3	235.2
灰色粉细砂	2000	0.25	5	27	336.2

10.3　超高层建筑主体结构地震响应

10.3.1　建筑地震荷载

大厦抗震设防烈度为 7 度,抗震设防类别为乙类。抗震目标要求多遇地震下,结构完好,处于弹性状态;设防地震下,结构基本完好,基本处于弹性状态;罕遇地震下,结构严重破坏但主体结构不发生倒塌,主要构件不发生断裂。针对上述抗震设防要求,本书选取模型结构响应较大的墨西哥地震波(MEX 波,1985 年)、唐山地震波(PRC 波,1976 年)、L711 人工波和 S790人工波作为输入,地震波包括三个方向的激励。每组地震波都按三种地震烈度进行整体调幅处理:小震,50 年超越概率 63%;中震,50 年超越概率 10%;大震,50 年超越概率 2%。

因为大厦幕墙结构的非对称性,考虑地震波不同输入方向结构的响应,每组地震波不同烈度包括两组计算工况:X 主向输入工况和 Y 主向输入工况,共四组计算工况。其中 MEX_X 为 X 主向输入工况,其不同方向加速度波峰值的比为 X 向:Y 向:Z 向=1.0:0.85:0.65。表 10.4 给出了不同计算工况加速度幅值。图 10.16 分别为调幅后不同地震波 X 向时程曲线。本书计算的结构阻尼比依据规范《建筑抗震设计规范》(GB 50011—2010)[171]选取 5%。

表 10.4　不同烈度地震波输入峰值

地震烈度	激励	加速度峰值/gal			激励	加速度峰值/gal		
		X 向	Y 向	Z 向(垂向)		X 向	Y 向	Z 向(垂向)
小震	MEX_X	35	29.75	22.75	PRC_X	35	29.75	22.75
	MEX_Y	29.75	35	22.75	PRC_Y	29.75	35	22.75
	L711_X	35	29.75	22.75	S790_X	35	29.75	22.75
	L711_Y	29.75	35	22.75	S790_Y	29.75	35	22.75
中震	MEX_X	100	85	65	PRC_X	100	85	65
	MEX_Y	85	100	65	PRC_Y	85	100	65
	L711_X	100	85	65	S790_X	100	85	65
	L711_Y	85	100	65	S790_Y	85	100	65
大震	MEX_X	200	170	130	PRC_X	200	170	130
	MEX_Y	170	200	130	PRC_Y	170	200	130
	L711_X	200	170	130	S790_X	200	170	130
	L711_Y	170	200	130	S790_Y	170	200	130

由于实际得到的地震波多为地震时地表面处所记录的加速度时程,而在进行动力时程分析时则是在基岩处输入,因此,需要将地表面处的地震波反算至基岩处。地震波反算的方法一般采用等效线性方法,即假定剪切模量和阻尼比是剪应变幅值的函数,通过迭代来确定,其结果与他们在每层中得到的应力水平一致。

每一土层中等效线性方法的迭代步骤如下:

(1)输入小应变值时的最大剪切模量 G^i 和初时阻尼比 ξ^i。

(2)由每一土层中的剪应变时程计算地面反应,并得到最大剪应变幅值 γ_{max}^i。

（3）由 $\gamma_{\max}$ 决定有效剪应变 γ_{eff}^i：

$$\gamma_{\mathrm{eff}}^i = R\gamma_{\max}^i \tag{10.1}$$

式中，R 为有效应变与最大剪应变的比值，它取决于地震的震级，一般 $R=\dfrac{M-1}{10}$，M 为震级。

（4）计算与等效剪应变 γ_{eff}^i 相应的新的等效线性值 G^{i+1} 和 ξ^{i+1}。

（5）重复第 2～4 步直到在两次迭代中的剪切模量和阻尼比偏差落在一定的允许范围内，一般迭代 8 次足够满足收敛结果。本书采用 Shake91 软件将地表地震加速度时程反算至基岩加速度时程。

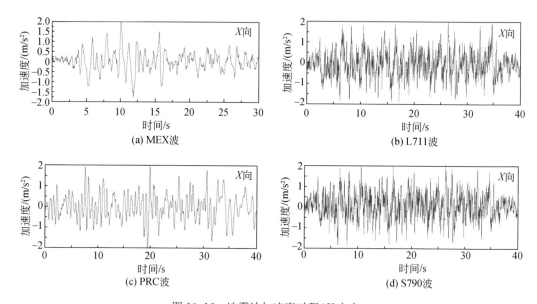

图 10.16　地震波加速度时程（X 方向）

10.3.2　主体结构位移分析

本书对于大厦主体结构位移地震响应主要分析顶部最大位移和主体结构位移随楼层的包络线。限于篇幅，给出了 MEX 波不同地震烈度和激励主向工况时大厦顶部位移时程，如图 10.17 所示。可以看出，大厦顶部位移振动周期约为 10s，与大厦基础频率相近。无论地震波是 X 主向输入还是 Y 主向输入，大厦顶部 X 向位移均大于 Y 向位移，这是因为大厦 X 向刚度小于 Y 向刚度造成的。Y 主向输入时，X 向和 Y 向顶部位移相差值较 X 主向输入时小。

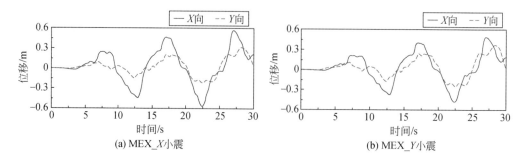

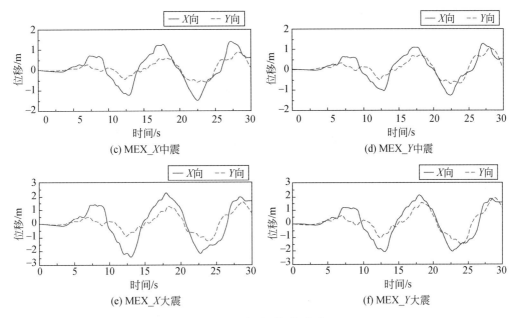

图 10.17　大厦顶部位移时程

　　表 10.5 列出了不同地震激励不同工况下大厦顶部最大位移,以位移和大厦高度时比值。由表可知,大震激励大厦顶部位移要大于中震,中震大于小震。小震下顶部 X 向最大位移为 576mm,Y 向最大位移为 377mm。中震下顶部 X 向最大位移为 1486mm,Y 向最大位移为 1184mm。大震下顶部 X 向最大位移为 2365mm,Y 向最大位移为 2198mm。大震下主体结构位移/大厦高度均小于 1/250,处于相对安全状况。中震下主体结构位移/大厦高度大部分小于 1/500,小震下主体结构位移/大厦高度均小于 1/1000。

表 10.5　不同工况下最大顶部位移

地震烈度	激励	X 向/mm		Y 向/mm	
		顶部位移	位移/大厦高度	顶部位移	位移/大厦高度
小震	MEX	576	1/1097	396	1/1596
	PRC	470	1/1344	377	1/1675
	L711	469	1/1348	420	1/1505
	S790	506	1/1248	472	1/1339
中震	MEX	1486	1/425	1007	1/628
	PRC	930	1/679	885	1/714
	L711	1193	1/530	1180	1/536
	S790	1272	1/497	1184	1/533
大震	MEX	2181	1/290	1925	1/328
	PRC	1431	1/442	1503	1/421
	L711	2365	1/267	2133	1/296
	S790	2293	1/276	2198	1/288

　　图 10.18 给出了不同地震激励不同工况下大厦位移包络线,限于篇幅,本书只给出其中 16 组工况大厦位移包络线。可以看出,小震和中震下大厦位移包络线从大厦底部到顶部逐渐增大,相对较均匀,未出现较大的拐点,说明小震和中震下大厦主体结构保持弹性。大震下虽然大厦位移包络线从大厦底部到顶部逐渐增大,但是在 60 楼左右时位移包络线出现明显拐点,位移跳跃明显,说明大厦主体结构已出现塑性变形,造成位移包络线的突变。

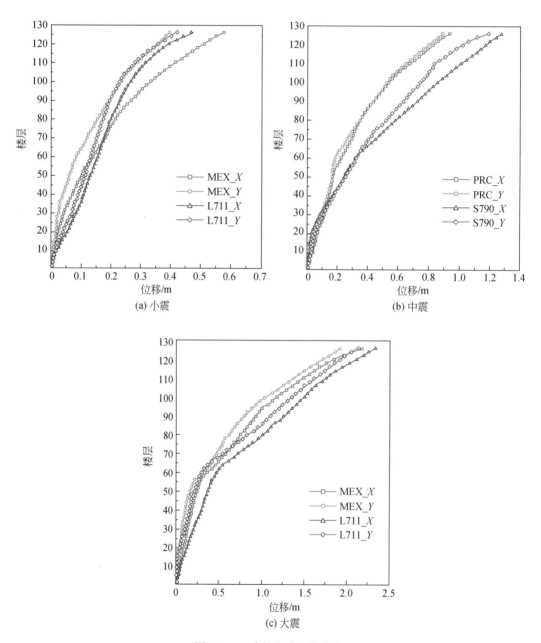

图 10.18　建筑位移包络曲线

10.3.3　主体结构分层内力分析

本书对于大厦主体结构内力响应主要分析基底最大剪力、主体结构剪力和弯矩随楼层的包络线。限于篇幅,图 10.19 给出了大震下不同地震激励不同主向工况下大厦基底剪力时程。由图可知,X 主向输入时 X 向剪力时程大于 Y 向剪力时程。Y 主向输入时,X 向剪力和 Y 向剪力相近,部分 Y 主向输入工况,Y 主向剪力大于 X 主向剪力。从曲线规律看,同一地震激励下,X 主向输入和 Y 主向输入曲线相近。

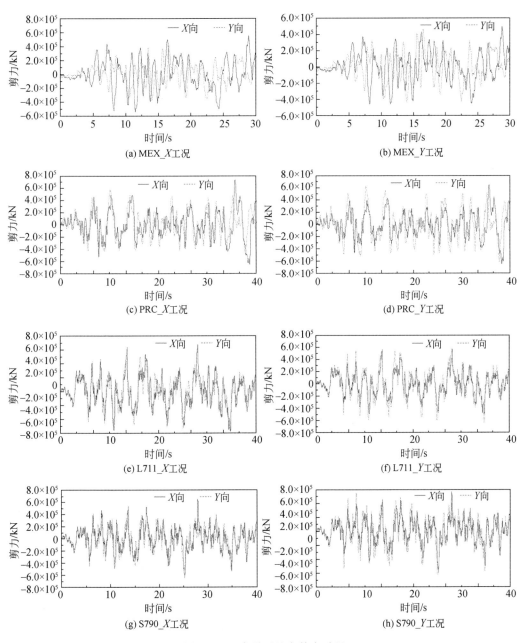

图 10.19　大震下基底剪力时程

表 10.6 列出了不同激励不同工况下大厦基底最大剪力和基底剪重比。由表可知,小震下 X 向最大基底剪力为 261110kN,Y 向最大基底剪力为 238860kN;中震下 X 向最大基底剪力为 556280kN,Y 向最大基底剪力为 464620kN;大震下 X 向最大基底剪力为 701920kN,Y 向最大基底剪力为 636570kN。大震下剪重比均小于 10%,中震下剪重比均小于 8%,小震下剪重比均小于 5%,剪重比相对较小,大厦主体结构相对安全。

表 10.6　不同激励下最大基底剪力

地震烈度	激励	X 向		Y 向	
		基底剪力/kN	剪重比/%	基底剪力/kN	剪重比/%
小震	MEX	172250	2.42	108350	1.52
	PRC	238800	3.36	234190	3.29
	L711	261110	3.67	238860	3.36
	S790	216760	3.05	238570	3.35
中震	MEX	359980	5.06	259480	3.65
	PRC	418700	5.89	446660	6.28
	L711	556280	7.82	464620	6.53
	S790	442580	6.22	425080	5.98
大震	MEX	552760	7.77	468210	6.58
	PRC	701920	9.87	630180	8.86
	L711	680170	9.56	636570	8.95
	S790	652250	9.17	636460	8.95

为进一步分析大厦主体结构剪力随楼层的分布,以及大厦主体结构各部件承担的剪力情况。本书分析了不同地震烈度下八组工况的平均剪力分布,图 10.20～图 10.22 分别给出了

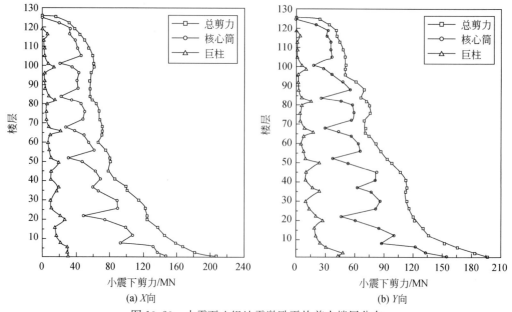

(a) X 向　　　　　　　　　　(b) Y 向

图 10.20　小震下八组地震激励平均剪力楼层分布

小震、中震和大震下大厦平均剪力包络曲线。由图可知,核心筒分担的总剪力为 50%～70%,巨柱分担的剪力为 5%～20%,加强层位置核心筒分担剪力有所下降为 40%,巨柱分担剪力提高到 25% 左右。说明核心筒和巨柱构成了建筑的主要抗侧力体系,加强层位置由于伸臂桁架的存在,提高了巨型框架结构的抗侧力能力。

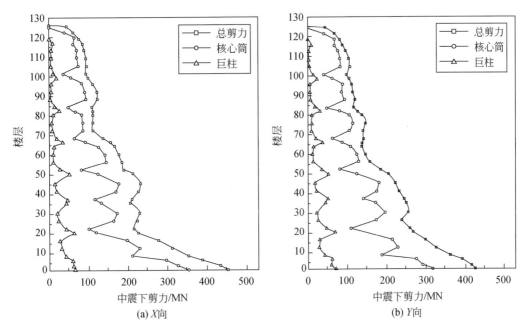

图 10.21　中震下八组地震激励平均剪力楼层分布

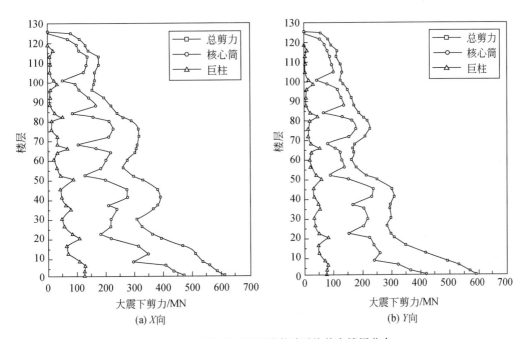

图 10.22　大震下八组地震激励平均剪力楼层分布

为分析大厦主体结构弯矩随楼层的分布。本书分析了不同地震烈度下八组工况的平均弯矩分布,图 10.23 给出了小震、中震和大震地震烈度下大厦平均弯矩包络曲线。

可以看出,X 向弯矩要略大于 Y 向弯矩,大厦弯矩从顶部到底部逐渐增大,大厦底部弯矩最大。小震下 X 向最大基底弯矩为 22241MN·m,Y 向最大基底剪力为 21469MN·m;中震下 X 向最大基底剪力为 40891MN·m,Y 向最大基底剪力为 39992MN·m;大震下 X 向最大基底剪力为 64736MN·m,Y 向最大基底剪力为 61369MN·m。

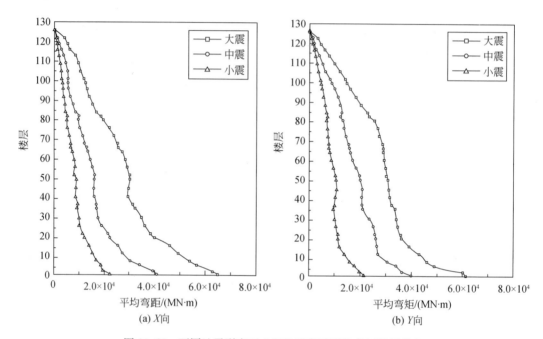

图 10.23　不同地震烈度下八组地震激励平均弯矩楼层分布

10.3.4　主体结构弹塑性分析

本书对主体结构各部分构件的弹塑性情况进行了分析,主体结构小震和中震下均保持了较好的弹性,大震下部分结构进入塑性。主体结构的塑性区域主要集中在核心筒连梁和伸臂桁架斜腹杆位置,说明核心筒连梁和伸臂桁架斜腹杆是大厦主要塑性吸能区,吸收了地震激励下大部分能量。图 10.24 和图 10.25 分别给出了大震下核心筒和伸臂桁架主要塑性区位置。

核心筒连梁是主体结构主要耗能构件,大厦的连梁典型长度为 2900~3150mm,截面高度 1000mm,截面宽度为 500~1000mm。外伸臂桁架是与巨型柱共同形成巨型结构的主要体系之一,需要保证其在大震下始终处于工作状态。由于外伸臂桁架斜腹杆截面较小,在大震下因轴力较大而屈服,并产生显著塑性变形。表 10.7 和表 10.8 分别给出了大震下四组 X 主向输入工况下不同分区核心筒连梁和外伸臂桁架最大塑性应变。从应变值看,部分构件大震下已进入塑性铰阶段。

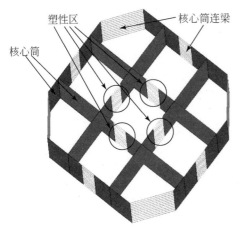

图 10.24　核心筒连梁主要塑性区域

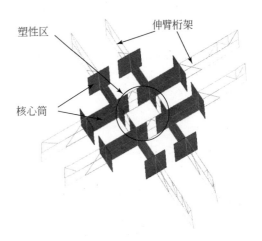

图 10.25　伸臂桁架主要塑性区域

表 10.7　各分区核心筒连梁最大塑性应变

工况	最大塑性应变							
	1 区	2 区	3 区	4 区	5 区	6 区	7 区	8 区
MEX_X	11510	17650	25139	31016	44361	31963	29310	41066
PRC_X	11963	19658	19963	29981	33691	30193	28671	51096
L711_X	12019	28630	35195	36160	28619	26117	39616	56791
S790_X	13329	21961	22960	19615	15968	11693	19561	23656

表 10.8　各分区伸臂桁架最大塑性应变

工况	最大塑性应变					
	2 区	4 区	5 区	6 区	7 区	8 区
MEX_X	26981	55916	59168	15636	17681	10910
PRC_X	29167	50196	55615	16193	16519	15683
L711_X	46591	49660	50105	59180	22910	19631
S790_X	23561	49362	56870	55691	18290	16360

10.4　超高层建筑幕墙结构地震响应

10.4.1　幕墙支撑结构变形分析

大厦外部幕墙为悬挂式幕墙,由于其结构的特殊性,外部幕墙在地震下的变形和内力响应是分析重点。图 10.26 给出了幕墙结构小震下加速度放大系数随楼层的分布情况,其中 MEX_X、L711_X、PRC_X 和 S790_X 工况主要分析 X 向加速度放大系数,MEX_Y、L711_Y、PRC_Y 和 S790_Y 工况主要分析 Y 向加速度放大系数。不同工况下大多数楼层幕墙结构加速度放大系数均为1~3,较高楼层幕墙结构加速度放大系数出现激增现象,说明大厦主要楼层刚度较好,在较高楼层幕墙结构偏软。

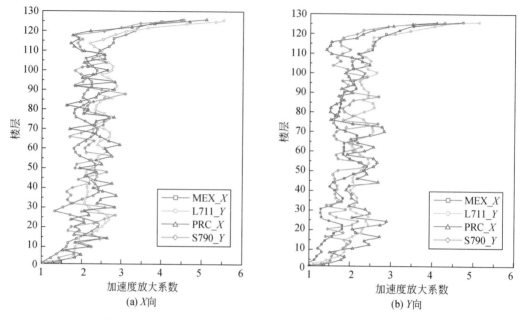

图 10.26　幕墙结构小震加速度放大系数

　　图 10.27 给出了不同地震烈度下幕墙结构最大层间位移角随楼层的分布情况,限于篇幅,给出了 16 组工况最大层间位移角分布。其中 MEX_X、PRC_X、L711_X 和 S790_X 工况主要分析 X 向层间位移角,MEX_Y、PRC_Y、L711_Y 和 S790_Y 工况主要分析 Y 向层间位移角。由图可知,随楼层增高层间位移角总体呈增大趋势,但不同幕墙分区在上下端加强层位置出现收缩,分区幕墙在中间楼层位置层间位移角较大。

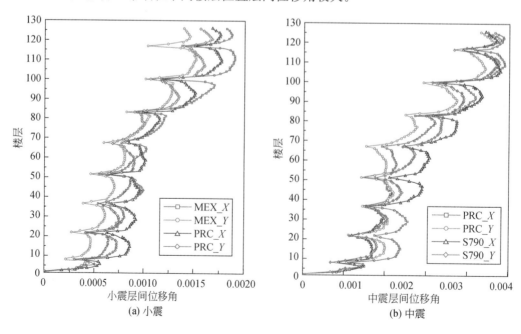

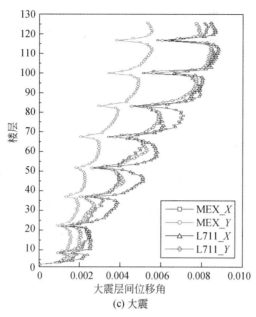

图 10.27　幕墙结构最大层间位移角

　　表 10.9 列出了不同地震烈度、不同工况下最大层间位移角和出现最大层间位移角的位置。X 向最大层间位移角大于 Y 向层间位移角，小震下 X 向最大层间位移角为 1/526，Y 向最大层间位移角为 1/593，均小于《建筑抗震设计规范》(GB 50011—2010)[171] 规定的 1/500。中震下 X 向最大层间位移角为 1/253，Y 向最大层间位移角为 1/260，均小于《建筑抗震设计规范》(GB 50011—2010)[171] 规定的 1/250。大震下 X 向最大层间位移角为 1/109，Y 向最大层间位移角为 1/119，均小于《建筑抗震设计规范》(GB 50011—2010)[171] 规定的 1/100。说明三种地震烈度下幕墙结构均处于安全状态。

表 10.9　不同激励下最大层间位移角

地震烈度	激励	X 向		Y 向	
		层间位移角	位置	层间位移角	位置
小震	MEX	1/546	112	1/651	109
	PRC	1/562	110	1/625	108
	L711	1/526	112	1/593	107
	S790	1/551	106	1/619	111
中震	MEX	1/265	109	1/291	110
	PRC	1/253	110	1/280	107
	L711	1/255	108	1/286	112
	S790	1/258	106	1/260	111
大震	MEX	1/117	110	1/181	112
	PRC	1/125	106	1/165	108
	L711	1/114	113	1/119	113
	S790	1/109	111	1/159	110

　　大厦外部幕墙为悬挂式,各分区幕墙的竖向荷载均通过垂直吊杆传递至分区顶部加强层楼板,在地震荷载作用下,吊杆会产生不均匀拉伸,其变形情况是关注的重点。本书为研究不同地震激励下吊杆竖向变形情况,选取 5 区和 8 区幕墙作为分析对象,对两个区域幕墙吊杆竖向变形进行了统计,如图 10.28 为分区幕墙吊杆布置图。

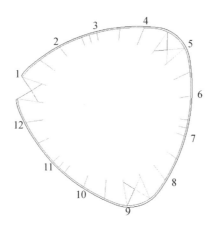

图 10.28　单层幕墙吊杆节点布置图

　　表 10.10 列出了 5 区和 8 区吊杆小震、中震和大震下 8 组工况的竖向平均伸长量。可以看出,8 区吊杆平均竖向变形略大于 5 区。同一幕墙分区内,幕墙曲率较大的位置平均竖向变形大于其他位置。由于幕墙独立结构低阶模态均为曲率较大位置竖向振动,因此该位置竖向变形较大,但不同位置竖向变形绝对数值相差不大。

表 10.10　吊杆竖向平均变形

| 吊杆编号 | 吊杆竖向变形/mm | | | | | |
| | 5 区 | | | 8 区 | | |
	小震	中震	大震	小震	中震	大震
1	16	29	39	18	33	45
2	13	25	31	15	23	36
3	11	21	30	12	21	33
4	14	26	33	14	22	35
5	15	28	38	16	29	41
6	12	25	32	13	25	26
7	10	22	33	12	23	32
8	10	24	31	14	24	33
9	15	30	37	19	31	43
10	12	26	31	16	26	38
11	12	21	29	13	20	35
12	13	27	35	15	27	33

10.4.2　幕墙支撑结构内力分析

本书对于幕墙结构内力地震响应主要分析幕墙支撑结构轴力、弯矩和应力。限于篇幅，以 L711_X 工况大震为例，给出了不同地震烈度下幕墙支撑结构轴力、弯矩和应力云图。

如图 10.29～图 10.31 所示，分别为不同分区幕墙支撑结构轴力、弯矩和应力分布，由图可知，L711_X 工况大震下 5 区幕墙支撑结构最大轴力为 1745kN，8 区幕墙支撑结构最大轴力为 1747kN；5 区幕墙支撑结构最大弯矩为 1040kN·m，8 区幕墙支撑结构最大弯矩为 1316kN·m；5 区幕墙支撑结构最大应力为 392MPa，8 区幕墙支撑结构最大应力为 438.0MPa。

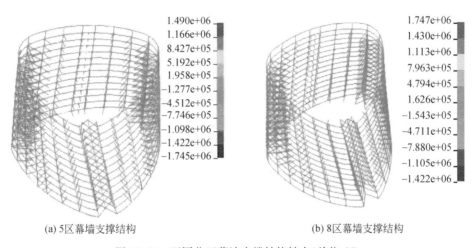

(a) 5 区幕墙支撑结构　　　　　　　　(b) 8 区幕墙支撑结构

图 10.29　不同分区幕墙支撑结构轴力(单位:N)

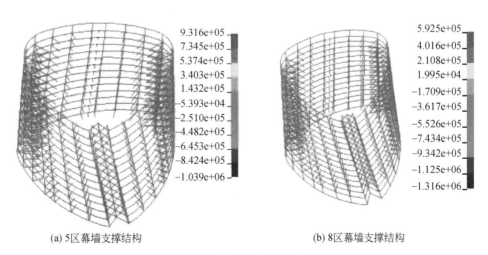

(a) 5 区幕墙支撑结构　　　　　　　　(b) 8 区幕墙支撑结构

图 10.30　不同分区幕墙支撑结构弯矩(单位:N·m)

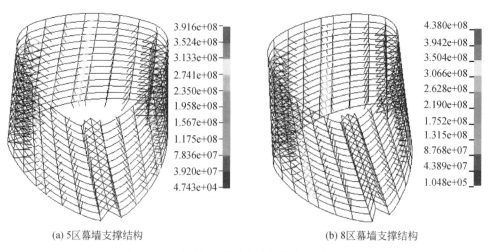

(a) 5区幕墙支撑结构   (b) 8区幕墙支撑结构

图 10.31 不同分区幕墙支撑结构应力(单位:Pa)

为进一步研究幕墙支撑结构在同一楼层的分布规律,本书选取同一楼层中幕墙支撑结构关键杆件作为分析对象,图 10.32 给出了同一楼层中关键吊杆、环梁和支撑杆的编号。本书选取不同分区中变形较大的楼层作为研究对象。限于篇幅,图 10.33 分别给出了不同楼层关键吊杆、环梁和支撑杆八组大震工况下的平均应力分布情况,可以看出应力最大吊杆出现在幕墙曲率较大位置,由于该位置吊杆变形相对较大,因此导致应力较大。应力较大的环梁和支撑杆出现在限位杆附近,限位杆主要作用是限制幕墙结构和主体结构之间相对扭转,因此承担了较大内力作用。

表 10.11~表 10.14 分别列出了不同地震烈度不同工况下各分区环梁最大弯矩、吊杆最大轴力、支撑杆最大轴力和杆件最大应力。从杆件应力水平看,小震和中震下各杆件均保持弹性状况,大震下吊杆保持弹性状况,但是部分环梁和支撑杆已进入塑性,主要集中在限位杆附近。塑性环梁和支撑杆数量较少,而且应力值均处于极限应力内,说明杆件依然处于工作状态未发生断裂。

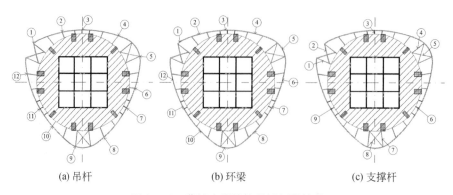

(a) 吊杆   (b) 环梁   (c) 支撑杆

图 10.32 幕墙支撑结构关键杆件编号

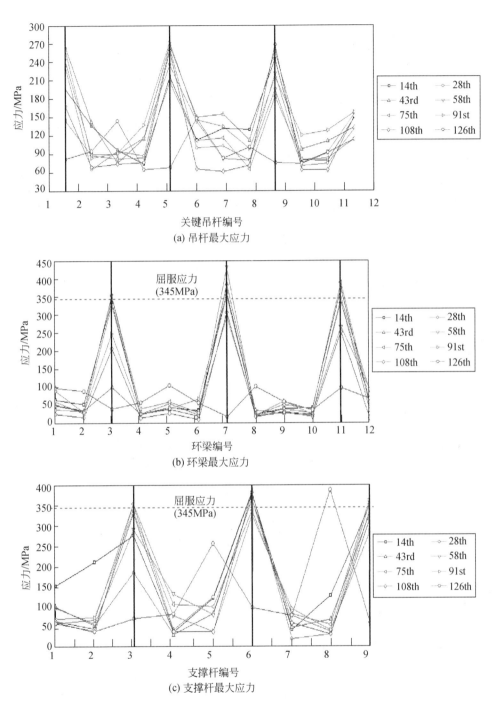

(a) 吊杆最大应力

(b) 环梁最大应力

(c) 支撑杆最大应力

图 10.33　大震关键杆件最大应力分布

表 10.11 环梁最大弯矩

地震烈度	弯矩/(kN·m)								
	1 区	2 区	3 区	4 区	5 区	6 区	7 区	8 区	塔冠
小震	68	58	62	76	59	66	69	63	55
中震	225	215	234	254	222	256	244	220	207
大震	451	429	496	511	423	441	549	451	463

表 10.12 吊杆最大轴力

地震烈度	轴力/kN								
	1 区	2 区	3 区	4 区	5 区	6 区	7 区	8 区	塔冠
小震	181	189	226	235	193	185	176	144	436
中震	506	551	673	622	559	491	466	421	1193
大震	976	995	1151	1108	976	905	890	761	2153

表 10.13 支撑杆最大轴力

地震烈度	轴力/kN								
	1 区	2 区	3 区	4 区	5 区	6 区	7 区	8 区	塔冠
小震	146	158	162	126	102	122	118	152	136
中震	452	478	462	435	406	418	438	492	478
大震	838	934	950	868	771	685	782	906	832

表 10.14 幕墙支撑结构最大应力

地震烈度	构件	应力/MPa								
		1 区	2 区	3 区	4 区	5 区	6 区	7 区	8 区	塔冠
小震	环梁	71.8	68.5	79.1	86.8	68.9	76.3	73.8	71.6	66.6
	吊杆	48.9	51.3	63.1	65.6	53.6	59.1	56.8	55.3	63.9
	支撑杆	69.9	78.6	93.8	75.7	68.5	65.9	73.2	78.6	65.4
中震	环梁	225.1	198.6	231.7	239.3	191.1	209.5	219.5	201.6	198.9
	吊杆	139.6	151.1	185.9	173.1	151.6	163.5	153.7	159.3	173.6
	支撑杆	205.3	221.6	256.5	209.1	198.6	208.3	203.5	221.6	195.3
大震	环梁	395.5	356.3	416.7	435.5	369.6	391.4	431.1	359.6	386.3
	吊杆	280.7	290.4	338.4	334.6	279.5	316.3	307.6	298.5	323.1
	支撑杆	383.8	405.3	436.3	391.5	367.5	381.6	379.3	409.1	391.2

10.5 本 章 小 结

本章针对大厦结构抗震分析项目,进行了土体-超高层结构耦合系统的结构抗震分析。本书首先建立了大厦主体结构、外部幕墙结构、桩筏基础结构三维精细有限元模型,同时建立了大厦周边土体结构有限元模型,在桩-筏基础结构模型和土体有限元模型之间建立了土体-结构耦合作用模型。

　　在大厦精细有限元模型的基础上,采用动力时程分析方法对大厦结构进行地震响应分析。根据大厦基础频率和周边土体特性,选取结构响应较大的四组地震波作为输入激励,地震烈度包括:小震,50 年超越概率 63%;中震,50 年超越概率 10%;大震,50 年超越概率 2% 三种。由于大厦 X 向和 Y 向不同的结构特性,地震激励按 X 主向和 Y 主向两组工况输入,总共进行了 24 组地震工况计算。针对大厦主体结构地震响应和外部幕墙结构地震响应进行分析,并对大厦结构的安全性进行了评估。主体结构地震响应方面,主要分析了主体结构位移响应、分层内力响应和主体结构弹塑性分析。主体结构塑性区域主要集中在核心筒连梁和伸臂桁架斜腹杆位置,说明核心筒连梁和伸臂桁架斜腹杆是大厦主要塑性吸能区,吸收了地震激励下大部分能量。外部幕墙结构地震响应方面,主要研究了幕墙结构的变形和内力。应力最大吊杆出现在幕墙曲率较大位置,由于该位置吊杆变形相对较大所以导致应力较大。应力较大的环梁和支撑杆出现在限位杆附近,限位杆主要作用是限制幕墙结构和主体结构之间的相对扭转,因此承担了较大的内力作用。从杆件应力水平看,小震和中震下各杆件均保持弹性状况,大震下吊杆保持弹性状况,但是部分环梁和支撑杆已进入塑性,主要集中在限位杆附近。塑性环梁和支撑杆数量较少,而且应力值均处于极限应力内,说明杆件依然处于工作状态未发生断裂。

　　本章超高层建筑结构地震响应数值模拟,较好地分析了不同地震烈度、地震激励下结构的地震响应。动态仿真分析数学模型复杂、仿真分析计算工作量巨大,但是分析结果相对准确、可靠和详尽,能够克服常规结构计算存在的不足,甚至可以得到常规结构计算、结构试验难以得到的结果。为大厦结构抗震设计及安全评估提供了参考。

参 考 文 献

[1] 胡世德. 我国高层、超高层建筑的发展和 90 年代需要解决的问题[J]. 建筑技术, 1995, (2): 67-72.

[2] 赵西安. 世纪之交的高层建筑[J]. 建筑结构, 2002, (6): 40-48.

[3] 赵西安. 建筑幕墙工程手册[M]. 北京: 中国建筑工业出版社, 2003.

[4] Lu W S, Huang B F, Cao W Q. Seismic performance analysis methodology of large span architectural curtain walls [C]//Proceedings of the 7th international conference on tall buildings, Hong kong, China, 2010, 399-408.

[5] 交通运输部规划司. 中国公路水路交通运输行业发展统计公报. 北京: 中华人民共和国交通运输部, 2009.

[6] 王庆波. 长大桥梁的技术与发展趋势[J]. 黑龙江交通科技, 2010, (2): 107-108.

[7] 王松涛, 曹资. 现代抗震设计方法[M]. 北京: 中国建筑工业出版社, 1997.

[8] 曹志远. 结构与介质相互作用理论及其应用[M]. 南京: 河海大学出版社, 1993.

[9] 宰金眠, 宰金璋. 高层建筑基础分析与设计-土与结构物共同作用的理论与应用[M]. 北京: 中国建筑工业出版社, 1993.

[10] 姜忻良, 黄艳, 丁学成. 相邻建筑物-桩基-土相互作用[J]. 土木工程学报, 1995, 28(5): 32-38.

[11] Carbonari S, Dezi F, Leoni G. Seismic soil-structure interaction in multi-span bridges: Application to a railway bridge [J]. Earthquake Engineering and Structural Dynamics, 2011, 40(11): 1219-1239.

[12] Ulker-Kaustell M, Karoumi R, Pacoste C. Simplified analysis of the dynamic soil-structure interaction of a portal frame railway bridge [J]. Engineering Structures, 2010, 32(11): 3692-3698.

[13] Asgarian B, Lesani M. Pile-soil-structure interaction in pushover analysis of jacket offshore platforms using fiber elements [J]. Journal of Constructional Steel Research, 2009, 65(1): 209-218.

[14] Shamsabadi A, Rollins K M, Kapuskar M. Nonlinear soil-abutment-bridge structure interaction for seismic performance-based design [J]. Journal of Geotechnical and Geoenvironmental Engineering, 2007, 133(6): 707-720.

[15] Kocak S, Mengi Y. A simple soil-structure interaction model [J]. Applied Mathematical Modelling, 2000, 24: 8-9.

[16] 沈聚敏, 周锡元, 高小旺, 等. 抗震工程学[M]. 北京: 中国建筑工业出版社, 2000.

[17] 刘立平. 水平地震作用下桩-土-上部结构弹塑性动力相互作用分析[D]. 重庆: 重庆大学, 2004.

[18] 赵广宇, 徐建新. 综述土-结构动力相互作用[J]. 河北理工大学学报, 2009, 31(2): 104-106.

[19] 林皋. 土-结构动力相互作用[J]. 世界地震工程, 1991(1): 4-21.

[20] 窦立军, 杨柏坡, 刘光和. 土-结构动力相互作用几个实际应用问题[J]. 世界地震工程, 1999, 15(4): 62-68.

[21] 梁青槐. 土-结构动力相互作用数值分析方法的评述[J]. 北方交通大学学报, 1997, 21(6): 690-694.

[22] 熊建国. 土-结构动力相互作用问题的新进展(Ⅰ)[J]. 世界地震, 1992, (3): 22-29.

[23] 熊建国. 土-结构动力相互作用问题的新进展(Ⅱ)[J]. 世界地震, 1992, (4): 22-29.

[24] 肖晓春, 林皋, 迟世春. 桩-土-结构动力相互作用的分析模型与方法[J]. 世界地震工程, 2002, 18(4): 123-130.

[25] 尹华伟. 土-结构动力相互作用的计算方法研究[D]. 长沙:湖南大学,2005.

[26] Wolf J P. Soil-structure interaction analysis in time domain [J]. Englewood Cliffs,1988,11-35.

[27] Jean W Y,Lin T W,Penzien J. System parameters of soil foundations for time domain dynamic analysis [J]. Earthquake Engineering and Structural Dynamics,1990,19(4):541-553.

[28] Penzien J,Scheffey C F,Parmelee R A. Seismic analysis of bridges on long piles [J]. Journal of the Engineering Mechanics Division,1964,90:223-253.

[29] 王有为,王开顺. 建筑物-桩-土相互作用地震反应分析的研究[J]. 建筑结构学报,1985,6(5):64-73.

[30] J P Wolf,吴世明. 土-结构动力相互作用[M]. 北京:地震出版社,1989.

[31] M N Aydmoglu. Consistent formulation of direct and substructure methods in nonlinear soil-structure interaction [J]. Soil Dynamics and Earthquake Engineering,1993,12:403-410.

[32] 张楚汉. 结构-地基动力相互作用. 结构与介质相互作用理论及其应用[M]. 南京:河海大学出版社,1993.

[33] 宋二祥. 无限地基数值模拟的传输边界[J]. 工程力学,1997:613-619.

[34] 廖振鹏. 近场波动的数值模拟[J]. 力学进展,1997,27(2):193-216.

[35] Wolf J P,Darbre G R. Non-linear soil-structure-interaction analysis based on the boundary-element method in time domain with application to embedded foundation [J]. Earthquake Engineering &Structure Dynamics,1986,14:83-101.

[36] 陈清军,徐植信. 层状土介质中群桩及其上部结构体系对任意入射地震波的响应[J]. 地震工程与工程振动,1994,14(1):36-44.

[37] Bettess P,Zienkiewica O C. Diffraction and refraction of surface waves using finite and infinite elements [J]. International Journal for Numerical Methods in Engineering,1977,11:1271-1290.

[38] 赵崇斌,张楚汉,张光斗. 用无穷元模拟半无限平面弹性地基[J]. 清华大学学报,1986,(3):51-64.

[39] Matsuda T,Tomura H,Hayashi M. Shear stack tests on soil-structure interaction [C]//Proceedings of the Tenth World Conference on Earthquake Engineering,Madrid,Spain,1992.

[40] Kagawa T,Taji Y,Sato M. Soil-pile-structure interaction in liquefying sand from large-scale shaking-table tests and centrifuge tests [C]//Session on Seismic Analysis and Design for Soil-Pile-Structure Interactions at the National Convention of the American-Society-of-Civil-Engineers,Minneapolis,Minnesota,1997.

[41] Sugawara Y,Uetake T,Kobayashi T. Forced vibration test of the Hualien large scale soil structure interaction model [J]. Nuclear Engineering and Design,1997,172(3):273-280.

[42] Konagai K,Mikami A,Nogami T. Simulation of soil-structure interaction effects in shaking table tests [J]. Geotechnical Earthquake Engineering and Solid Dynamics,1998,75:482-493.

[43] Helwany S M B,Chowdhury A. Laboratory impulse tests for soil-underground structure interactions [J]. Journal of Testing and Evaluation,2004,32(4):262-273.

[44] Matsui T,Chung J S,Michel J L. Centrifuge tests on some soil-structure interaction problems [C]// Proceedings of the Fourteenth International Offshore and Polar Engineering Conference,Toulon,France,2004.

[45] Hdajina A H,Tseng W S,Chang C Y,et al. 罗东(台湾)土-结构相互作用大比例模型试验的启示(I)[J]. 谢君斐译. 世界地震工程,1993,9(3):41-52.

[46] Hdajina A H,Tseng W S,Chang C Y,et al. 罗东(台湾)土-结构相互作用大比例模型试验的启示(Ⅱ)[J]. 谢君斐译. 世界地震工程,1993,9(4):49-59.

[47] Jun-Seong C,Chung-Bang Y,Jae-Min K. Earthquake response analysis of the Hualien soil-structure

interaction system based on updated soil properties using forced vibration test data [J]. Earthquake Engineering and Structure Dynamics, 2001, 30(1):1-26.

[48] 徐炳伟, 姜忻良. 大型土-桩-复杂结构振动台模型试验研究[J]. 天津大学学报, 2010, 43(10): 912-918.

[49] Matthees W, Magiera G. A sensitivity study of seismic structure-soil-structure interaction problems for nuclear power plants [J]. Nuclear Engineering and Design, 1982, 73(3): 342-363.

[50] Tang H T, Tang Y K, Stepp J C. Lotung large-scale seismic experiment and soil-structure interaction method validation [J]. Nuclear Engineering and Design, 1990, 123(3): 397-412.

[51] Hashash Y M A, Tseng W S, Krimotat A. Seismic soil-structure interaction analysis for immersed tube tunnels retrofit [J]. Geotechnical Earthquake Engineering and Solid Dynamics, 1998, 75: 1380-1391.

[52] Spyrakos C C, Xu C J. Seismic soil-structure interaction of massive flexible strip-foundations embedded in layered soils by hybrid BEM-FEM [J]. Soil Dynamics and Earthquake Engineering, 2003, 23(5): 383-389.

[53] Celebi Erkan, G A Necmettin. An efficient seismic analysis procedure for torsionally coupled multistory buildings including soil-structure interaction [J]. Turkish Journal of Engineering and Environmental Sciences, 2005, 29(3): 143-157.

[54] Spyrakos C C, Koutromanos I A, Maniatakis Ch A. Seismic response of base-isolated buildings including soil-structure interaction [J]. Soil Dynamics and Earthquake Engineering, 2009, 29(4): 658-668.

[55] Dutta S C, Bhattacharya K, Roy R. Response of low-rise buildings under seismic ground excitation incorporating soil-structure interaction [J]. Soil Dynamics and Earthquake Engineering, 2004, 24(12): 893-914.

[56] Shakib H, Fuladgar A. Dynamic soil-structure interaction effects on the seismic response of asymmetric buildings [J]. Soil Dynamics and Earthquake Engineering, 2004, 24(5): 379-388.

[57] Stewart J P, Fenves G L, Seed R B. Seismic soil-structure interaction in buildings. I: Analytical methods [J]. Journal of Geotechnical and Geoenvironmental Engineering, 1999, 125(1): 26-37.

[58] Spyrakos C C, Koutromanos I A, Maniatakis Ch A. Seismic response of base-isolated buildings including soil-structure interaction [J]. Soil Dynamics and Earthquake Engineering, 2009, 29(4): 658-668.

[59] 王有为, 王开顺. 建筑物-桩-土相互作用地震反应分析的研究[J]. 建筑结构学报, 1985, (5): 64-73.

[60] 刘季, 维明. 土-高层建筑-高耸结构相互作用地震反应分析[J]. 哈尔滨建筑工程学院学报, 1988, 21(4): 11-28.

[61] 林皋, 来茂田, 陈怀海. 土-结构相互作用对高层建筑非线性地震反应的影响[J]. 土木工程学报, 1993, 26(4): 1-13.

[62] Kiefer A, Leger P. Semi-continuum seismic analysis of soil – building systems [J]. Engineering Structures, 1999, 21: 332-340.

[63] Inabaa T, Dohia H, Okutaa K. Nonlinear response of surface soil and NTT building due to soil-tructure interaction during the 1995 Hyogo-ken Nanbu (Kobe) earthquake [J]. Soil Dynamics and Earthquake Engineering, 2000, 20: 289-300.

[64] 熊仲明, 赵鸿铁. 高层结构-桩-土共同作用的地震反应分析[J]. 世界地震工程, 2002, 18(2): 99-104.

[65] 熊仲明, 赵鸿铁, 俞茂宏. 高层建筑上部结构桩-土共同作用下随机地震响应分析[J]. 2003, 22(2): 60-62.

[66] 李培振, 吕西林. 考虑土-结构相互作用的高层建筑抗震分析[J]. 地震工程与工程振动, 2004,

24(3)：130-138.

[67] Padron L A，Aznarez J J，O Maeso. Dynamic structure-soil-structure interaction between nearby piled buildings under seismic excitation by BEM-FEM model[J]. Soil Dynamics and Earthquake Engineering，2009，29：1084-1096.

[68] Spyrakos C C，Koutromanos I A，Maniatakis Ch A. Seismic response of base-isolated buildings including soil-structure interaction [J]. Soil Dynamics and Earthquake Engineering，2009，29：658-668.

[69] Spyrakos C C，Maniatakis Ch A，Koutromanos I A. Soil-structure interaction effects on base-isolated buildings founded on soil stratum [J]. Engineering Structures，2009，31：729-737.

[70] 徐静，李宏男，李钢. 考虑桩-土-结构动力相互作用的输电塔地震反应分析[J]. 工程力学，2009，26(9)：24-29.

[71] 张令心，刘洁平，石磊. 高层建筑土-结构相互作用地震反应分析方法及应用[J]. 北京工业大学学报，2010，36(1)：25-33.

[72] 杨颜志，金先龙，王建，等. 考虑主体结构的上海中心大厦幕墙地震响应分析[J]. 上海交通大学学报，2012，46(1)：146-151.

[73] 杨颜志，金先龙，王建，等. 考虑玻璃刚度的高层幕墙地震响应数值分析[J]. 振动与冲击，2012，31(8)：86-91.

[74] 杨颜志，金先龙，王建，等. 考虑玻璃结构的上海中心大厦幕墙大震弹塑性分析[J]. 防灾减灾工程学报，2012，32(3)：307-312.

[75] Yang Y Z，Wang P Y，Wang J，et al. Seismic analysis of the hung curtain wall structure in Shanghai Center Tower[J]. Structural Design of Tall and Special Buildings，2013，22(11)：847-861.

[76] Tian S Z，Zhang C，Luo W B. Analyzing the influence of pile soil structure interaction on seismic response of cable-stayed bridge tower [J]. Advanced Materials Research，2011，168：2580-2589.

[77] Vasheghani-Farahani R，Zhao Q H，Burdette E G. Seismic analysis of integral abutment bridge in tennessee，including soil-structure interaction [J]. Transportation Research Record，2010，22(1)：70-79.

[78] Ucak A，Tsopelas P. Effect of soil-structure interaction on seismic isolated bridges [J]. Journal of Structural Engineering-ASCE，2008，134(7)：1154-1164.

[79] Chaudhary M T A，Abe M，Fujino Y. Identification of soil-structure interaction effect in base-isolated bridges from earthquake records [J]. Soil Dynamics and Earthquake Engineering，2001，(21)：713-725.

[80] Shamsabadi A，Rollins K M，Kapuskar M. Nonlinear soil-abutment-bridge structure interaction for seismic performance-based design [J]. Journal of Geotechnical and Geoenvironmental Engineering，2007，133(6)：707-720.

[81] Zheng J Z，Takeda T. Effects of soil-structure interaction on seismic response of PC cable-stayed bridge [J]. Soil Dynamics and Earthquake Engineering，1995，(14)：427-437.

[82] Dameron R A，Sobash V P，Lam I P. Nonlinear seismic analysis of bridge structures foundation-soil representation and ground motion input [J]. Computers and Structures，1997，64(5)：1251-1269.

[83] Al-Homoud A S，Whitman R V. Seismic analysis and design of rigid bridge abutments considering rotation and sliding incorporating non-linear soil behavior [J]. Soil Dynamics and Earthquake Engineering，1999，18(4)：247-277.

[84] 孙利民，张晨南，潘龙，等. 桥梁桩土相互作用的集中质量模型及参数确定[J]. 同济大学学报，2002，30(4)：409-415.

[85] 王浩，杨玉冬，李爱群，等. 土-桩-结构相互作用对大跨度 CFST 拱桥地震反应的影响[J]. 东南大学学报，2005，35(3)：432-437.

[86] 陈清军，姜文辉，李哲明. 桩-土接触效应及对桥梁结构地震反应的影响[J]. 力学季刊，2005，26(4)：609-613.

[87] Elgamal A，Yan L J，Yang Z H，et al. Three-dimensional seismic response of humboldt bay bridge-foundation-ground system [J]. Journal of Structural Engineering，2008，134(7)：1165-1176.

[88] 鲍宸民，丁海平，李纬. 桥梁-桩-土相互作用三维地震反应分析方法[J]. 世界地震工程，2008，24(3)：131-134.

[89] 李纬，丁海平. 考虑土-结构相互作用的大跨度斜拉桥非线性地震反应分析[J]. 防灾减灾工程学报，2009，29(5)：555-560.

[90] Mayoral J M，Alberto Y，Mendoza M J. Seismic response of an urban bridge-support system in soft clay [J]. Soil Dynamics and Earthquake Engineering，2009，29：925-938.

[91] 李悦，宋波，川岛一彦. 考虑土、上部结构和桥台相互作用的桥台抗震性能研究[J]. 岩石力学与工程学报，2009，28(6)：1162-1168.

[92] Molins C，Arnau O. Experimental and analytical study of the structural response of segmental tunnel linings based on an in situ loading test. part 1：test configuration and execution [J]. Tunnelling and Underground Space Technology，2011，26(6)：764-777.

[93] Idinger G，Aklik P，Wu W. Centrifuge model test on the face stability of shallow tunnel [C] //International Workshop on Multiscale and Multiphysics Processes in Geomechanics，Palo Alto，USA，2010.

[94] He B G，Zhu Y Q，Ye C L. Model test for dynamic construction mechanical effect of large-span loess tunnel [J]. Journal of Shanghai Jiaotong University，2011，16(1)：112-117.

[95] Canetta G，Cavagna B，Nova R. Experimental and numerical tests on the excavation of a railway tunnel in grouted soil in Milan [C] //International Symposium on Geotechnical Aspects of Underground Construction in Soft Ground，London，1996.

[96] Lee Yong-Joo，Bassett Richard H. Influence zones for 2D pile-soil-tunnelling interaction based on model test and numerical analysis [J]. Tunnelling and Underground Space Technology，2007，22(3)：325-342.

[97] 杨辉，陆建飞，王建华，等. 黄浦江过江隧道的动力抗震分析[J]. 上海交通大学学报，2001，35(10)：1512-1516.

[98] 祝彦知，冯紫良，方志. 地震动下考虑各向异性土体-盾构隧道数值模拟[J]. 岩土力学，2005，26(5)：710-716.

[99] 陈健云，刘金云. 地震作用下输水隧道的流-固耦合分析[J]. 岩土力学，2006，27(7)：1077-1081.

[100] Anastasopoulos L，Gerolymos N，Drosos V. Nonlinear response of deep immersed tunnel to strong seismic shaking [J]. Journal of Geotechnical and Geoenvironmental Engineering，2007，133(9)：1067-1090.

[101] 耿萍，何川，晏启祥. 盾构隧道纵向地震响应分析[J]. 西南交通大学学报，2007，42(3)：283-287.

[102] Park D，Sagong M，Kwak D Y. Simulation of tunnel response under spatially varying ground motion [J]. Soil Dynamics and Earthquake Engineering，2009，29：1417-1424.

[103] 王国波，马险峰，杨林德. 软土地铁车站结构及隧道的三维地震响应分析[J]. 岩土力学，2009，30(8)：2523-2528.

[104] Hatzigeorgiou G D，Beskos D E. Soil-structure interaction effects on seismic inelastic analysis of 3-D tunnels [J]. Soil Dynamics and Earthquake Engineering，2010，30：851-861.

[105] Shahrour I，Khoshnoudian F，Sadek M. Elastoplastic analysis of the seismic response of tunnels in soft soils [J]. Tunnelling and Underground Space Technology，25：478-482.

[106] Zhang W W，Jin X L，Yang Z H. Combined equivalent & multi-scale simulation method for 3-D seis-

mic analysis of large-scale shield tunnel[J]. Engineering Computations,2014, 31(3):584-620.

[107] 楼云锋，杨颜志，金先龙. 输水隧道地震响应的多物质 ALE 数值分析[J]. 岩土力学，2014，35(7)：2095-2102.

[108] 钟红，林皋. 高拱坝地震损伤破坏的并行计算研究[J]. 计算力学学报，2010，27(2)：218-224.

[109] Chen G X，Chen L，Jing L P. Comparison of explicit and implicit finite element methods with parallel computing for seismic response analysis of subway underground structure [J]. Geomechanics and Geotechnics，2011，(1)：1021-1029.

[110] 阚圣哲，陈国兴，陈磊. 基于 Abaqus 软件的并行计算集群平台构建与优化方法[J]. 防灾减灾工程学报，2009，29(6)：644-651.

[111] Guo Y，Jin X，Ding J. Parallel numerical simulation with domain decomposition for seismic response analysis of shield tunnel [J]. Advances in Engineering Software，2006，37(7)：450-456.

[112] Guo Y，Jin X，Ding J. Parallel computing for seismic response analysis of immersed tunnel with domain decomposition [J]. Engineering Computations，2007，24(1)：182-199.

[113] Yamada，T. Parallel distributed seismic analysis of an assembled nuclear power plant [C] //The 1st International Conference on Parallel，Distributed and Grid Computing for Engineering，Pecs，Hungary，2009.

[114] Walter E H，James A S，Frederick J S. Development and evaluation of solution procedures for geometrically nonlinear structural analysis [J]. The American Institute of Aeronautics and Astronautics Journal，1997，10(3)：264-272.

[115] 钟万勰，刘元芳，纪峥. 斜拉桥施工中的张拉控制和索力调整[J]. 土木工程学报，1992，25(3)：9-15.

[116] 金明. 非线性连续介质力学[M]. 北京：北京交通大学出版社，2005.

[117] Mattiasson K，Samuelsson A. Total and updated lagrangian forms of the co-rotational finite element formulation in geometrically and material nonlinear analysis [J]. Numerical Methods for Non-linear Problems，1984，6：316-325.

[118] Mattiasson K，Bengtsson A，Samuelsson A. On the accuracy and efficiency of numerical algorithms for geometrically nonlinear structural analysis [C] //Finite Element Methods for Nonlinear Problems，Berlin，1986.

[119] 张武功. 节理岩体多层弹粘塑性模型的隐式积分算法[J]. 岩土工程学报，1996，(6)：42-54.

[120] Chiang K N，Fulton R E. Structural dynamics methods for concurrent processing computers[J]. Computers and Structures，1990，36 (6)：1031-1037.

[121] 程建钢，姚振汉，李明瑞. 结构动力分析显式积分并行算法与实现[J]. 清华大学学报，1996，36：80-85.

[122] 张庆礼，王晓梅，殷绍唐. 高阶高斯积分节点的高精度数值计算[J]. 中国工程科学，2008，10(2)：35-40.

[123] Mackerle J. Parallel finite element and boundary element analysis：theory and applications：A bibliography (1997-1999)[J]. Finite Elements in Analysis and Design，2000，35：283-296.

[124] Danielson K T，Namburu R R. Nonlinear dynamic finite element analysis on parallel computers using fortran 90 and MPI[J]. Advances in Engineering Software，1998，29(3)：179-186.

[125] Topping B，Sziveri J，Bahreinejad A. Parallel processing，neural networks and genetic algorithms[J]. Advances in Engineering Software，1998，29(10)：763-786.

[126] 曾宇，王洁，孙凝晖. 曙光 5000A 高效能计算节点的设计与实现[J]. 计算机工程，2009，3：17-22.

[127] 王婷，孙相征，张云泉. 曙光 5000A 天体大规模数值模拟软件性能测试[J]. 西安交通大学学报，

2009，43(10)：71-75.

[128] Farhat C. A simple and efficient automatic FEM domain decomposer[J]. Computers and Structures，1988，28(5)：579-602.

[129] Barnard S T，Simon H S. A fast multilevel implementation of recursive spectral bisection for partitioning unstructured problems[C] //Technical Report RNR- 92- 033，NASA Ames Research Center，Moffett Field，CA，1993.

[130] 江小松，刘建军. MPI 环境下并行程序准确性验证及效率分析[J]. 航空动力学报，2007，(12)：2043-2049.

[131] 姜忻良，丁学成. 桩土物理模型及结构-桩-土相互作用[J]. 振动工程学报，1993，6(2)：143-152.

[132] 贺广零. 考虑土-结构相互作用的风力发电高塔系统地震动力响应分析[J]. 机械工程学报，2009，45(7)：87-94.

[133] Hallquist J O. A numerical treatment of sliding interface and impact [C] //Park K C，Gartling D K. Computational techniques for interface problems，ASME，New York，1978.

[134] Haug E. Contact-impact problems for crash [C] //Proceedings of Second International Symposium of Plasticity，Nagoya，Japan，1981.

[135] 赵隆茂. 结构动力响应分析中接触-碰撞界面算法研究[J]. 大连理工大学学报，2001，32(5)：459-462.

[136] Hallquist J O. Ls-Dyna Theory Manual [M]. California：Livermore Software Technology Corporation，2006.

[137] Zhu C M. A finite element-mathematical programming method for elastoplastic contact problems with friction [J]. Finite Element in Analysis and Design，1995，(20)：273-282.

[138] 曾丁，黄文彬，华云龙. 库仑摩擦接触问题的位移-力混合接触单元[J]. 中国农业大学学报，1998，3(2)：23-28.

[139] Spencer J W. Stress relaxation at low frequencies in fluid-saturated rock attenuation and modulus dispersion [J]. Journal of Geophysical Research，1981，86(B3)：1803-812.

[140] Nur A，Jones T D. Velocity and attenuation in sandstone at elevated temperatures and pressures [J]. Geophysical Research Letters，1983，10(2)：140-143.

[141] Peets T，Randruut M，Englbrecht J. On modeling dispersion in microstructured solids [J]. Wave Motion，2008，45(4)：471-480.

[142] 刘永贵，徐松林，席道瑛. 节理玄武岩体弹性波频散效应研究[J]. 岩石力学与工程学报，2010，29(5)：3314-3320.

[143] 杜修力. 工程波动理论与方法[M]. 北京：科学出版社，2009.

[144] 廖振鹏. 工程波动理论导论(第二版)[M]. 北京：科学出版社，2002.

[145] Zerwer G，Cascante J，Hutchinson. Parameter estimation in finite element simulations of rayleigh waves [J]. Journal of Geotechnical and Geoenvironmental Engineering，2002，128(3)：118-126.

[146] 徐志英. 岩石力学[M]. 北京：水利电力出版社，1986.

[147] Krajcinovic D，Silva M A G. Statistical aspects of the continuous damage theory [J]. International Journal of Solids Structures，1982，18(7)：551-516.

[148] 刘晶波，李彬. 三维黏弹性静-动力统一人工边界[J]. 中国科学(E)，2005，35(9)：966-980.

[149] 何建涛，马怀发，张伯艳. 黏弹性人工边界地震动输入方法及实现[J]. 水利学报，2010，41(8)：960-969.

[150] 谷音，刘晶波，杜义欣. 三维一致粘弹性人工边界及等效粘弹性边界单元[J]. 工程力学，2007，24(12)：31-37.

[151] 曹文宏，中伟强，杨志豪，等. 超大特长盾构法隧道工程设计——上海长江隧道工程设计[M]. 北京：中国建筑工业出版社. 2010.

[152] Gijsberg F B J, Hordijk D A. Experimenteel onderzoek naar het afschuifgedrag von ringvoegen[R]. TNO-rapport COB K, Delft, 1997.

[153] Cavalaro S H P, Aguado A. Packer behavior under simple and coupled stresses[J]. Tunnelling and Underground Space Technology, 2012, 28(8):159-173.

[154] Cao W H, Chen Z J, Yang Z H. Study of full-scale horizontal integral ring test for super-large-diameter tunnel lining structure[C]//The Shanghai Yangtze River Tunnel: Theory, Design and Construction, Complimentary Special Issue to the 6th International Symposium on Geotechnical Aspects of Underground Construction in Soft Ground, Shanghai, 2008.

[155] 张伟伟. 大型正交异性结构动力学分析的空间-时域多尺度方法及应用研究[D]. 上海交通大学, 2014.

[156] More J J, Wright S J. Optimization Software Guide[M]. Philadelphia: Society for Industrial and Applied Mathematics, 1993.

[157] Hashash Y, Hook J J, Schmidt B. Seismic design and analysis of underground structures[J]. Tunnelling and Underground Space Technology, 2001, 16(4):247-293.

[158] 王振华，马宗源，党发宁. 等效线性和非线性方法土层地震反应分析对比[J]. 西安理工大学学报, 2013, 4:421-427

[159] 杨勋，楼云锋，余克勤，等. 核电站防波堤地震动力响应及破坏机理分析[J]. 振动与冲击, 2013, 32(19): 100-105.

[160] 杨勋，王欢欢，余克勤，等. 行波激励下防波堤地震动力响应[J]. 岩土力学, 2014, 35(6): 1775-1781.

[161] 国家地震局. GB 50267—1997 核电站抗震设计规范[S]. 北京：中国标准出版社, 2005.

[162] 中交水运规划设计院有限公司. JTS 146—2012 水运工程抗震设计规范[S]. 北京：人民交通出版社, 2012.

[163] 龚士良，吴继红. 上海长江隧桥工程地质灾害危险性评价与防治对策[J]. 长江科学院院报, 2008, 25(6): 62-66.

[164] 龚士良，李采. 上海长江隧桥工程环境地质问题与技术对策[J]. 水文地质工程地质, 2008, (3): 81-86.

[165] 上海市城市建设设计研究院. 闵浦二桥新建工程施工图设计计算报告[R]. 上海：上海市城市建设设计研究院, 2007.

[166] 阎兴非，彭俊，周良. 公轨两用斜拉桥——闵浦二桥总体设计分析[J]. 中国市政工程, 2007, (S2): 1-4, 101.

[167] Zhang X Y, Jin X L, Chen X D. Simulation of the interactions between a train and a long-span cable-stayed bridge using parallel computing with domain decomposition[J]. Proceedings of the Institution of Mechanical Engineers Part F-Journal of Rail and Rapid Transit, 2012, 226(4): 347-359.

[168] 丁洁民，巢斯，赵昕. 上海中心大厦结构分析中若干关键问题[J]. 建筑结构学报, 2010, 31(6): 122-131.

[169] 陆天天，赵昕，丁洁民. 上海中心大厦结构整体稳定性分析及巨型柱计算长度研究[J]. 建筑结构学报, 2011, 32(7): 8-14.

[170] 李承铭. 钢-钢筋混凝土杆系结构三维地震作用下弹塑性时程分析[D]. 上海：同济大学, 2007.

[171] 中国建筑科学研究院. GB 50011—2010 建筑抗震设计规范[S]. 北京：中国建筑工业出版社, 2010.

（TH-0818. 01）

www.sciencep.com

ISBN 978-7-03-049510-5

定价:98.00 元